Stephen Moss

Vogelverhalten

Das faszinierende Leben der Vögel

KOSMOS

Aus dem Englischen übersetzt von Detlef Singer und Angelika Lang

2003 erschienen bei New Holland Publishers (UK) Ltd
London • Cape Town • Sydney • Auckland
Garfield House, 86–88 Edgware Road, London W2 2EA,
United Kingdom www.newhollandpublishers.com
80 McKenzie Street, Cape Town 8001, South Africa
Level 1/Unit 4, 14 Aquatic Drive, Frenchs Forest, NSW 2086, Australia
218 Lake Road, Northcote, Auckland, New Zealand

Umschlaggestaltung von eStudio Calamar unter Verwendung einer
Aufnahme von Fritz Pölking. Das Bild zeigt einen Fischadler.

Bibliographische Information Der Deutschen Bibliothek. Die Deutsche
Bibliothek verzeichnet diese Publikation in der Deutschen National-
bibliographie; detaillierte bibliographische Daten sind im Internet über
http://dnb.de abrufbar.

Bücher · Kalender · Spiele · Experimentierkästen · CDs · Videos

Natur · Garten & Zimmerpflanzen · Heimtiere · Pferde & Reiten · Astronomie ·
Angeln & Jagd · Eisenbahn & Nutzfahrzeuge · Kinder & Jugend

Informationen senden wir Ihnen gerne zu

KOSMOS Postfach 10 60 11
D-70049 Stuttgart
TELEFON +49 (0)711-2191-0
FAX +49 (0)711-2191-422
WEB www.kosmos.de
E-MAIL info@kosmos.de

Gedruckt auf chlorfrei gebleichtem Papier

Für die deutschsprachige Ausgabe:
© 2004, Franckh-Kosmos Verlags GmbH & Co., Stuttgart
Alle Rechte vorbehalten
ISBN 3-440-10109-6
Lektorat: Rainer Gerstle
Produktion: Johannes Geyer
Printed in Malaysia/Imprimé en Malaysie

Abbildungen: Titelfoto: Fischender Fischadler;
S. 3 Elster; S. 6 Feldlerche, Eisvogel, Basstölpel;
S. 7 Schleiereule, Rotkehlchen, Papageitaucher

NATURSCHUTZVERBÄNDE

Natur- und Umweltkatastrophen sowie der dramatische Artenschwund – besonders augenscheinlich bei der Vogelwelt – machen immer mehr Menschen betroffen. Viele von ihnen wollen nicht untätig bleiben. Doch der Einzelne ist oft machtlos. Im Verbund mit Gleichgesinnten lässt sich deutlich mehr für die Vogelwelt erreichen. In Deutschland gibt es mehrere Natur- und Umweltschutzverbände, die sehr viel gegen die Zerstörung der Natur und gegen den Artenschwund unternehmen. Ihnen sollten Sie beitreten, damit die Lobby gegen die „Natur- und Umweltzerstörer" immer größer wird.

Der **Naturschutzbund Deutschland** (NABU) ist seit über 100 Jahren für die Natur im Einsatz. Stand zu Beginn der Schutz der Vögel an erster Stelle, hat sich der NABU inzwischen zu einem innovativen Verband entwickelt, dessen Themenspektrum die gesamte Palette des Natur- und Umweltschutzes umfasst. Neben Öffentlichkeitsarbeit kauft der NABU möglichst viele schützenswerte oder bereits unter Schutz stehende Flächen, um sie für kommende Generationen zu sichern. Eine erfolgreiche Kampagne, die mittlerweile schon viele Nachahmer gefunden hat, ist die seit 1971 alljährlich durchgeführte Wahl des Vogels des Jahres.

Was der NABU für Deutschland, ist der **Landesbund für Vogelschutz** (LBV) für Bayern. 1909 gegründet, sieht er sich ebenfalls als Anwalt für bedrohte Arten und kämpft engagiert für die Vielfalt der Tier- und Pflanzenwelt.

In den Jugendvereinigungen von NABU und LBV, der **Naturschutzjugend Deutschland**, sollen Kinder und Jugendliche für den Erhalt der natürlichen Lebensgrundlage begeistert werden.

1994 gründete Heinz Sielmann, der bekannte Tier- und Naturfilmer, die **Heinz Sielmann Stiftung**. Mit seinem Leitsatz „Naturschutz als positive Lebensphilosophie" will er Menschen jeden Alters dazu bringen, durch persönliches Erleben in der Natur Freude zu bekommen, sich für den Schutz der Natur einzusetzen. Die Stiftung kauft unter anderem schützenswerte Landschaften und betreut sie, um deren Zerstörung zu verhindern und das Überleben seltener oder gefährdeter Tier- und Pflanzenarten zu sichern und für die kommenden Generationen zu bewahren.

Die Adressen der genannten sowie eine Auswahl weiterer Verbände, die sich für die Belange der Natur einsetzen, finden Sie auf Seite 156.

INHALT

EINLEITUNG

Das Studium frei lebender Vögel ist einer der faszinierendsten und lohnendsten Aspekte der Vogelkunde. An den Wochenenden zieht es inzwischen in den europäischen Ländern Hunderttausende von Menschen in die Natur hinaus, um Vögel zu beobachten. Bei Wind und Wetter widmen sie sich einem Freizeitvergnügen, das ihnen Erholung und Befriedigung verschafft.

Aber wo beginnt man? Anfangs kann das, was Vögel gerade tun und warum sie es tun, verwirrend sein, besonders für einen Anfänger. Ist der Ablauf einer Verhaltensweise, deren Zeuge man wird, ein normaler Teil des täglichen Lebens oder ist er etwas Ungewöhnliches? Stört die Anwesenheit des Beobachters den Vogel, sodass er untypisches Verhalten zeigt? Und schließlich, wie interpretiert man eine neue oder abweichende Variante eines Verhaltens, das man in dieser Weise noch nicht beobachtet hat?

Das vorliegende Buch möchte einige dieser Fragen und weitere beantworten. Drei Ziele verfolgt es:

Der Eissturmvogel erinnert an eine Möwe, gehört aber zu den Röhrennasen. Er gleitet und segelt auf steif gehaltenen Flügeln elegant dahin. In Mitteleuropa brütet dieser Seevogel nur auf Helgoland.

Die Amsel ist einer unserer häufigsten und bekanntesten Singvögel; ihre melodisch flötenden und orgelnden Strophen tragen zur großen Beliebtheit der „Schwarzdrossel" bei.

• Es will eine Übersicht über die verschiedenen Formen und Aspekte des Vogelverhaltens bieten, gegliedert nach Themenbereichen.

• Es werden einige Verhaltensweisen dargestellt, die für bestimmte Vogelarten oder Vogelgruppen typisch sind.

• Es will ein Nachschlagewerk sein, um mit Hilfe des Registers mehr über das Verhalten einer Art oder über ein bestimmtes Thema des Vogelverhaltens zu erfahren.

Das Buch hat zwei Teile, jeder Teil kann unabhängig voneinander genutzt werden. Beide Teile ergänzen sich jedoch durch wechselseitige Verweise.

Teil 1 „Vogelverhalten" beschreibt die verschiedenen Verhaltensweisen, die man bei Vögeln beobachten kann, wie Flug, Brut und Zug. Diese Verhaltensformen sind in folgende Hauptkapitel gegliedert: Fortbewegung; Ernährung; Fortpflanzung; Wanderung und Orientierung; Verbreitung und Lebensraum; Leben und Tod. Diese Einteilung ermöglicht ein schnelles und einfaches Zurechtfinden im Buch.

Teil 2 „Verhalten der Arten" behandelt die Verhaltensweisen der rund 200 Vogelarten, gegliedert nach Vogelfamilien oder -gruppen (z. B. Seevögel), die man gewöhnlich in Mittel- und Nordeuropa antreffen kann. Manche von ihnen sind häufig, andere selten. Der Schwerpunkt liegt auf Verhaltensweisen, die typisch für die jeweilige Art oder Gruppe sind. Der Leser lernt in diesem Teil die einzelnen

Wie die meisten anderen Jungvögel sind gerade flügge gewordene Blaumeisen sehr gesellig und suchen die Nähe ihrer Eltern und Geschwister, wenn sie das Nest verlassen haben.

Arten und deren spezifisches Verhalten kennen (aus Platzgründen kann es natürlich nicht erschöpfend behandelt werden). In der Literaturliste am Ende des Buches findet man Bücher mit ergänzenden oder noch spezielleren Angaben über das Verhalten einer bestimmten Vogelart oder -gruppe.

Während der letzten Jahrzehnte haben sich die meisten Vogelbeobachter vorwiegend mit dem Bestimmen und dem Nachweis von Seltenheiten beschäftigt. Beide Aspekte sind faszinierend und wichtig, jedoch haben sie die Aufmerksamkeit von einem anderen bedeutenden Aspekt der Vogelbeobachtung abgelenkt – dem Studium des Verhaltens, das entscheidend zum Verstehen der Vögel und damit zur Freude an diesem Hobby beiträgt.

Obwohl das Sammeln von Raritäten und der damit verbundene rasche Ortswechsel (auf englisch „twitching") bei

Spezialisten nach wie vor beliebt sind, hat sich gleichzeitig auch eine beschaulichere Art der Vogelbeobachtung entwickelt, bei der das Naturerlebnis im Vordergrund steht. Das Studium des Vogelverhaltens erfährt gegenwärtig eine Renaissance, zu der das vorliegende Buch seinen Teil beitragen möchte – alle Vogelbeobachter sollen ermuntert werden, sich mit diesem Thema zu beschäftigen. Gute Kenntnisse des Vogelverhaltens sind häufig auch der Schlüssel zur sicheren Bestimmung. Beispielsweise sieht man einen kleineren Greifvogel fliegen, den man für einen Sperber hält – bis dieser plötzlich zu rütteln beginnt und sich als Turmfalke entpuppt. In diesem Fall reichen äußere Kennzeichen wie Gefiederfarben zur Bestimmung nicht aus. Für mich ist das Erkennen und Verstehen der verschiedenen Verhaltensweisen unserer Vögel der Aspekt bei der Vogelbeobachtung, der mich weitaus am meisten fasziniert.

Ein davonstiebender Schwarm von Schneeammern erhellt die trübsten Wintertage, denn das leuchtende Weiß in den Flügeln der vielen Männchen erinnert aus der Ferne an Schneegestöber.

Die Ankunft der ersten Rotdrosselschwärme ist ein sicheres Zeichen dafür, dass der Winter unmittelbar bevorsteht.

1 VOGELVERHALTEN

Die erste Hälfte dieses Buches beschäftigt sich mit den verschiedenen Formen des Verhaltens unserer Vögel. Aus Gründen der Übersichtlichkeit ist dieser Teil in sechs Kapitel untergliedert, wobei jedes mehrere zum Thema gehörende Verhaltensweisen behandelt.

• FORTBEWEGUNG: Federn und Flug; Schwimmen und Tauchen; Gehen und Laufen; Schwarmverhalten; Ruhen und Schlafen.

• ERNÄHRUNG: Nahrung und Nahrungssuche; Beutegreifer; Nahrungsspezialisten; Wasseraufnahme.

• FORTPFLANZUNG: Brutzeit; Territorium und Gesang; Paarbildung, Balz und Paarung; Nestbau; Eiablage und Brut; Brutfürsorge und Ausfliegen der Jungen; Bastardierung und ungewöhnliches Brutverhalten.

• WANDERUNG UND ORIENTIERUNG: Warum ziehen Vögel? Wie orientieren sich die Vögel? Orientierungsmechanismen; Ungewöhnliches Zugverhalten.

• VERBREITUNG UND LEBENSRAUM: Lebensraum und Verhalten; Areal und Verbreitung.

• LEBEN UND TOD: Gefieder und Mauser; Gefiederpflege und Baden; Sehen, Hören und Riechen; Ausscheidung; Temperaturregulation; Vögel und Wetter; Krankheit und Tod.

Informationen über das Verhalten bestimmter Arten finden Sie auch im zweiten Teil des Buches, denn dort ist das Verhalten, bezogen auf Vogelgruppen, erklärt.

FORTBEWEGUNG

Federn und Flug

Die Fähigkeit zum aktiven Flug unterscheidet die Vögel von anderen Tieren (mit Ausnahme der Insekten und Fledermäuse sowie einiger Dinosaurier). Ein leichtes Skelett aus hohlen Knochen und Federn erlaubt es dem Vogel, sich in die Luft zu erheben und sich dort zu halten. Zudem haben Vögel viele verschiedene Formen des Flugs entwickelt – wie den Ruderflug, das Gleiten und Segeln.

Vögel sind zum aktiven Flug befähigt, da ihr Körperbau im Lauf von mehreren Millionen Jahren spezielle Anpassungen erfahren hat. Die wichtigste war zweifellos die Entwicklung der Feder – ein leichtes, stabiles und elastisches Gebilde, das aus Reptilienschuppen entstanden ist. Die Schwung- und Steuerfedern an Flügeln und Schwanz sind lang und steif und ermöglichen dem Vogel, sich in der Luft zu halten, dort Höhe zu gewinnen und in unterschiedlichen Luftströmungen zu manövrieren. Darüber hinaus unterstützt auch das Skelett in hohem Maße den aktiven Flug: Leichte, hohle Knochen reduzieren das „Startgewicht" auf ein Minimum; daher sind Vögel bezogen auf ihre Körpergröße bei weitem die leichtesten Tiere.

Vögel und besonders Seevögel sind die wahren Könige der Lüfte. Dieser Große Sturmtaucher nutzt Luftströmungen, um mit wenig Kraftanstrengung über den Ozean zu gleiten.

Viele tagaktive Greifvögel wie der Mäusebussard haben breite Flügel, mit denen sie in warmen Aufwinden rasch an Höhe gewinnen. Ihre Flügelhaltung ändert sich – je nachdem, ob sie an einer Stelle segeln wollen oder ob sie gleitend eine größere Strecke auf dem Weg zu den Nahrungsgründen überwinden möchten.

Der „klassische" Flug ist der Ruderflug. Dabei erzeugen die auf- und abschlagenden Flügel Auftrieb. Da diese Flugweise viel Energie benötigt, wird sie meist nur für kurze Ortswechsel eingesetzt, beispielsweise von Singvögeln, die von Baum zu Baum fliegen. Für Streckenflüge bevorzugen die meisten Vögel weniger Energie zehrende Formen des Flugs wie Gleiten und Segeln. Seevögel wie **Albatrosse** und **Sturmvögel** sind Meister im Gleiten, sie nutzen aufsteigende Strömungen über dem Ozean, um ihre Position direkt über den Wellen zu halten. So überwinden sie große Entfernungen mit wenig Energieaufwand, denn sie können stundenlang ohne Flügelschlag vorwärtsgleiten. Auch Greifvögel wie **Bussarde**, **Weihen** und **Adler** gleiten häufig. Sie halten ihre Flügel so, dass deren Fläche möglichst klein wird und sie bei wenig Höhenverlust schnell dahinsausen.

Segelflug wird vor allem von großen, schweren Vögeln eingesetzt. Beim Segeln breitet der Vogel, etwa ein **Bussard**, seine Flügel so weit wie möglich aus und lässt sich von warmen, aufsteigenden Luftströmungen (Thermik) emportragen. Segeln ist eine sehr effiziente Methode, um sich in der Luft zu halten, denn der Vogel verbraucht durch maximale Vergrößerung der Flügelfläche weniger Energie. Einmal in der Luft, kann er eine Zeit lang „kostengünstig" kreisen. Segelflug wird im Allgemeinen eingesetzt, um Höhe zu gewinnen oder beizubehalten, nicht aber, um größere Entfernungen zu überwinden.

Der Unterschied zwischen Segeln und Gleiten wird deutlich, wenn man einen **Sperber** direkt von unten beobachtet. Segelte er gerade noch mit ausgebreiteten Flügeln, ändert der Vogel den Anstellwinkel der Flügel, wobei er die Flügelfläche verkleinert, um in schneller Fahrt davonzugleiten. Gleiten auf verschmälerten Flügeln lässt den Vogel größere Distanzen schneller und effektiver überwinden als mit ganz ausgebreiteten Flügeln.

Wissenschaftler haben herausgefunden, dass der Flug im Vergleich zu anderen Fortbewegungsarten sehr effizient ist. So schafft der schnellste menschliche Sprinter gerade einmal fünf Körperlängen je Sekunde, während das schnellste Landsäugetier, der Gepard, bis zu 18 Körperlängen je Sekunde zurücklegt. Ein fliegender Vogel bringt es aber auf 70 oder 80 Körperlängen pro Sekunde – eine relative Geschwindigkeit, die der eines Düsenflugzeugs entspricht. Dieses Tempo ermöglicht es den Vögeln, nicht nur ein Ziel schnell zu erreichen, sondern auch riesige Strecken zurückzulegen, besonders auf dem Zug.

Der Sperber kann seine Flügel ausbreiten, um darauf hoch am Himmel zu segeln oder durch Verringern der Flügelfläche rasch gleiten. Die kurzen abgerundeten Flügel und der lange Schwanz machen den kleinen Greifvogel überaus wendig, sodass er im Laubwerk der Wälder und Gärten rasant manövrieren kann.

Schwimmen und Tauchen

Nicht alle Vögel verbringen die meiste Zeit in der Luft. Viele Wasservögel halten sich hauptsächlich auf dem Wasser auf. Ihr Stoffwechsel, Körperbau und ihre Verhaltensweisen sind daher an diesen Lebensraum angepasst. Das bedeutet zunächst einmal, dass die Flugtechnik das Schwimmen unter Wasser erlauben muss – am besten sieht man sich einen Film über **Alken** oder **Pinguine** an, dann wird dies schnell deutlich. Die Flügel der Pinguine, die über Wasser recht nutzlos erscheinen, sind in effektive Ruder umgewandelt, die den Vogel unter Wasser rasant voranbringen und rasche Wendungen ermöglichen.

Andere Vögel halten sich vorwiegend auf dem Wasser auf oder leben je zur Hälfte auf dem Land und auf dem Wasser, wie **Enten**, **Gänse** und **Schwäne**. Diese Vogelgruppen haben eine Reihe von Anpassungen an das Wasserleben entwickelt, etwa Schwimmhäute zwischen den vorderen Zehen und eine leistungsfähige Bürzeldrüse, die ein öliges Sekret absondert, das die

Bei der Beutejagd fliegen Basstölpel oft hoch über dem Meer. Haben sie einen Fischschwarm ausgemacht, winkeln sie ihre Flügel an und sausen mit großem Tempo herab; kurz vor der Wasseroberfläche werden die Flügel weit nach hinten gereckt, sodass der Vogel ein gutes Stück eintauchen und so einen unachtsamen Fisch packen kann.

Tordalke haben wie andere Arten der Familie Alken kurze, kräftige Flügel, die sie zum „Fliegen" unter Wasser befähigen. In der Luft müssen die Flügel sehr schnell schlagen, um den relativ schweren Körper auf Niveau zu halten.

Federn wasserdicht, elastisch und haltbar macht. Andere Wasservögel scheinen nur teilweise an das Wasser als Lebensraum angepasst zu sein. Die Zehen von **Lappentauchern** und **Blässhühnern** tragen nur Schwimmlappen – möglicherweise, weil sie nur selten längere Strecken schwimmen müssen. **Kormorane** haben kein wasserdichtes Gefieder und müssen ihre Flügel in halb ausgebreitetem Zustand „trocknen".

Wasservögel aus ganz unterschiedlichen Vogelgruppen zeigen oft ähnliche Anpassungen und ähnliches Aussehen. **Bläss-** und **Teichhühner** beispielsweise gleichen eher den Enten als den anderen Arten ihrer Familie, den Rallen. Dieses Phänomen nennt man konvergente Evolution, das heißt, äußere Faktoren formen die Gestalt eines Lebewesens.

Tauchen ist eine weitere Fähigkeit, die nicht miteinander verwandte Vogelgruppen beherrschen, wie **Seetaucher**, **Lappentaucher** und viele Arten von **Enten** sowie Seevögel wie die **Alken**. Alle diese Tauchvögel besitzen einen langen, stromlinienförmigen Körper mit Schwimmhäuten oder Schwimmlappen an den Zehen für den Vortrieb unter Wasser und Beine, die weit hinten am Körper eingelenkt sind. Daher haben einige dieser Spezialisten, wie die Seetaucher, erhebliche Schwierigkeiten, sich an Land fortzubewegen.

Gehen und Laufen

Für viele Landvögel ist die beste Möglichkeit, kurze Strecken zurückzulegen, auch die einfachste: Sie gehen, hüpfen oder laufen. Das betrifft vor allem Vögel, die ihre Nahrung am Boden suchen wie **Finken** oder **Drosseln**. Vögel aus unterschiedlichen Gruppen setzen dabei verschiedene Methoden ein. So hüpfen überwiegend in Bäumen lebende Vögel wie Finken auf dem Boden, während **Lerchen**, **Pieper** und **Stelzen** mehr Zeit auf dem Boden verbringen und deshalb dort hauptsächlich laufen oder rennen.

Andere Gruppen wie **Hühnervögel** und **Rallen** halten sich weitaus die meiste Zeit des Tages auf dem Boden auf und sind daher sehr gut an das Laufen und Schreiten angepasst. Viele von ihnen verbergen sich in dichter Vegetation und fliegen nur bei unmittelbarer Gefahr auf.

Hühnervögel wie diese Rothühner ziehen häufig das Laufen dem Fliegen vor, da sie sich auf diese Weise besser vor ihren Feinden verbergen können.

Schwarmverhalten

Vögel sind im Allgemeinen sozial veranlagte Tiere; viele verschiedene Arten leben in Trupps oder Schwärmen – entweder ständig oder nur zu bestimmten Jahreszeiten. Schwarmbildung erfolgt aus unterschiedlichen Gründen: um leichter Nahrung zu finden, um sich im Pulk zu wärmen oder um Feinden zu entgehen. Wichtig ist in diesem Zusammenhang, dass in allen diesen Fällen jeder Einzelvogel den Antrieb zur Schwarmbildung hat und dass der Vorteil, den die Gemeinsamkeit ihm bietet, die eventuellen Nachteile aufwiegt. Schwarmbildung findet aber

auch als Folge eines guten Nahrungsangebots statt. So zieht eine offene Müllkippe alle **Möwen** der Umgebung an, die sich dann um das Futter streiten.

Schwarmbildung beobachtet man viel häufiger außerhalb der Brutperiode, da die meisten Vogelarten während der Brutzeit paarweise leben oder ein Vogel mit mehreren Individuen des anderen Geschlechts liiert ist. Bebrütung des Geleges und Füttern der Jungen lassen den Altvögeln keine Zeit, in Schwärmen umherzuziehen. Nach der Brutperiode schließen sich viele Singvögel zu Familienverbän-

Vögel der unterschiedlichsten Arten bilden Trupps oder Schwärme, besonders im Winter, wenn Nahrung knapp und die Gefahr durch Fressfeinde am größten ist.

den oder losen Trupps von etwa einem Dutzend Vögeln zusammen. Wenn jedoch ausreichend Nahrung und als Schutz vor Feinden geeignete Deckung zur Verfügung stehen, gibt es keinen Grund, in Schwärmen zu leben.

Besonders im Winterhalbjahr, wenn die Vögel nur wenig helle Stunden für die Nahrungssuche haben, zieht es sie zu ihresgleichen. Ab dem Spätherbst kann man häufig Trupps von **Meisen** beobachten, die auf der Suche nach Nahrung im Wald umherziehen. Ständig geäußerte, kurze Kontaktrufe halten den Trupp zu-

In der herbstlichen Dämmerung im Küstenbereich lassen sich nicht selten große Vogelschwärme beobachten – wie diese Stare, die im Begriff sind, einen Schlafplatz aufzusuchen.

sammen. Dessen Mitglieder sind erfolgreicher in der Nahrungssuche und Feindvermeidung, sodass jeder Einzelvogel von der Gemeinschaft profitiert. Samenfresser wie **Finken** und **Sperlinge** zeigen dieses Schwarmverhalten ebenfalls. Auch viele **Watvögel** und **Enten** schließen sich außerhalb der Brutzeit zu großen Schwärmen zusammen, weil sich in den meisten Fällen die Nahrung an bestimmten Stellen konzentriert. Weiterer Vorteil der Schwarmbildung: Die Vögel sind weniger den Attacken von Beutegreifern ausgesetzt. Greifvögel werden durch die Masse der durcheinander fliegenden Vögel verunsichert und können sich kaum mehr auf ein einziges Beutetier konzentrieren. Es reicht, wenn nur ein Vogel des Schwarms den jagenden **Wanderfalken** entdeckt, einen Warnruf ausstößt und sich der ganze Schwarm in die Luft erhebt. Der angreifende Falke ist verwirrt.

Das Verhalten der Schwarmbildung kann für uns eine große Hilfe sein, um überhaupt Vögel zu beobachten, besonders in Waldgebieten und im Kulturland. Anfänglich scheint es oft so, als wären gar keine Vögel anwesend; wenn man etwas wartet und horcht und auf die Kontaktrufe einzelner Schwarmvögel achtet, wird man früher oder später den Trupp entdecken.

Um das Schwarmverhalten in seiner spektakulärsten Form zu erleben, sollte man Flussmündungen, kleinräumige Feldflur oder traditionelle Schlafplätze von **Staren** oder **Gänsen** aufsuchen. Dabei ist es wichtig zu wissen, wann Ebbe und Flut stattfinden oder die Sonne untergeht. Trifft man nämlich zu früh ein, suchen die Vögel noch auf Feldern oder im Watt nach Nahrung; ist man zu spät zur Stelle, sind die Schwärme bereits eingefallen.

> *TIPP*
>
> **Schwarmverhalten**
> *Ein Vogelschwarm scheint sich wie ein selbstständiges Lebewesen zu bewegen, denn die Einzelvögel unternehmen synchrone Drehungen und Wendungen. Tatsächlich nimmt jeder Vogel im Schwarm die Bewegungen der Nachbarn wahr und folgt ihnen nahezu ohne Zeitverzögerung. In normalen Schwärmen gibt es offensichtlich keinen „Führer". Bei ziehenden Trupps bestimmen oft erfahrene Vögel die Richtung.*

*Die Herbst- und Winter-
monate eignen sich gut zur
Beobachtung von Meisen.
Nicht selten ziehen sie dann
mit anderen Kleinvögeln wie
Goldhähnchen oder Baum-
läufern umher; den Zusam-
menhalt im Trupp sichern sie
ständig mit hohen Rufen.*

Ruhen und Schlafen

Schwarmbildung ist oft der erste Hinweis, dass Vögel ihren
Ruheplatz aufsuchen – entweder für die Nacht, was man bei vielen Vogelgruppen wie **Möwen**, **Krähenvögeln** und **Staren** beobachten kann, oder weil die Flut zeitweise die Nahrungsgründe
überdeckt, wie bei den **Watvögeln**. Ruhen im Schwarm bedeutet
für den Einzelvogel vor allem Wärme während kalter Nächte und
Sicherheit gegenüber Feinden.

Weitaus die meisten Vögel weltweit folgen einem zirkadianen
Rhythmus, dessen Zeitgeber der 24-Stunden-Rhythmus des Tages ist. Tagaktive Vögel wie **Stare** verlassen ihre Nahrungsgebiete
und sammeln sich an einem Ruheplatz, wo sie die Nacht verbringen. An manchen Plätzen schlafen sogar mehrere Millionen Stare! Die rasanten Flugmanöver, die sie kurz vor und nach Sonnenuntergang zeigen, bieten – ähnlich Wolken, die rasch ihre Form
ändern – ein fantastisches Naturschauspiel. Ob dieses Verhalten

*Dohlentrupps unterneh-
men auf dem Weg zu
ihren Schlafplätzen oft
akrobatische Luftspiele,
bevor sie sich endgültig
zur Ruhe begeben.*

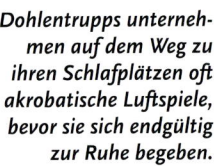

Elstern ruhen meist trupp-weise in hohen Hecken oder Feldgehölzen, manchmal auch in hohen Bäumen in Gärten; dagegen meiden sie geschlossene Wälder und baumlose Ebenen.

einem uns verborgenen Zweck dient, etwa dem Austausch von Informationen über Nahrungsplätze, ist nicht bekannt.

Die Sicherheit ist ein Hauptgrund für gemeinsames Übernachten. Durch die Nähe zu den Artgenossen besteht für den einzelnen Vogel ein erheblich geringeres Risiko, einem Fressfeind zum Opfer zu fallen. Der Kälteschutz, der besonders in den Wintermonaten eine Rolle spielt, ist ein weiterer wichtiger Grund für dieses Verhalten. Indem sich die Vögel „zusammenkuscheln", können sie ihre Körperwärme effektiv erhalten.

Manche Vogelarten, die tagsüber gewöhnlich nur selten in Trupps zu sehen sind, übernachten trotzdem an gemeinschaftlichen Schlafplätzen. So schließen sich **Bachstelzen**, die am Tag einzeln oder paarweise der Nahrungssuche nachgehen, für die Nachtstunden manchmal zu Gruppen von 50 oder mehr Vögeln zusammen. **Zaunkönige** sind normalerweise Einzelgänger. Die Nächte verbringen sie aber ebenfalls gemeinsam, vor allem bei starkem Frost und hoher Schneelage. So wurden in einem einzigen Nistkasten bis zu mehrere Dutzend Zaunkönige gefunden.

Bei strengem Frost übernachten Zaunkönige oft gemeinsam in Nistkästen. Dadurch profitiert jeder Vogel von der Körperwärme seines Nachbarn.

Nachtaktive Vögel wie die Waldohreulen lassen sich oft am besten an ihrem Tagesruheplatz beobachten. Man sollte jedoch rücksichtsvoll sein und die schlafenden Vögel keinesfalls stören.

Ein typisches Anzeichen für gemeinschaftliches Ruhen sind lange Ketten oder Reihen, in denen Hunderte, manchmal auch Tausende von Vögeln dem gemeinsamen Übernachtungsplatz zustreben. Dies beobachtet man vor allem bei **Möwen**, die jeden Morgen und Abend exakt den gleichen Weg zu den Nahrungsplätzen bzw. den Übernachtungsgebieten fliegen. Andere Vögel, die regelmäßig in solchen „Luftkorridoren" fliegen, sind **Krähen** und **Drosseln**. Die Vögel folgen entweder der kürzesten Verbindung oder orientieren sich an Landmarken wie Flusstälern.

Viele Singvögel ziehen es vor, allein oder in locker zusammenhaltenden Verbänden die Nacht zu verbringen, obwohl auch für sie die gleichen Aspekte wie Wärmeschutz und Feindvermeidung gelten. Eine recht kleine Vogelgilde, die **Eulen** und **Nachtschwalben**, sind hauptsächlich nachtaktiv und verschlafen den Tag. Eulen ruhen meist einzeln und sind häufig nur schwer zu entdecken. Jedoch sind sie oft sehr standorttreu und suchen stets den gleichen Tagesruheplatz auf; Voraussetzung ist, dass sie nicht gestört werden. Wenn der traditionelle Ruheplatz bekannt ist, lassen sich diese „Nachtschwärmer" leicht beobachten.

Man wundert sich oft, wie es im Schwarm lebende Vögel fertig bringen zu schlafen, denn der Geräuschpegel an einem nächtlichen Ruheplatz ist oft recht hoch. Man bedenke jedoch, dass das menschliche Schlafbedürfnis mit rund acht Stunden ununterbrochenem Tiefschlaf von dem beobachteten Schlafverhalten der meisten Vogelarten stark abweicht. Auch wenn Schwarmvögel in ihrem Schlafquartier recht sicher sind, müssen sie trotzdem stets auf der Hut sein vor Fressfeinden. Ihr Schlaf ist daher

---

TIPP

Ruheplätze
Am besten lassen sich Vögel beim Schlafplatzflug eine Stunde vor Sonnenuntergang beobachten. Dann reicht das Licht noch aus, um die Art bestimmen zu können. Jedoch sollte man nicht zu früh weggehen, denn oft kommen noch „Spätheimkehrer" erst nach Einbruch der Dunkelheit.

leicht, und häufig stehen sie dabei und haben den Kopf halb unter einen Flügel gesteckt. Manche Vögel, besonders Segler, können in der Luft schlafen.

Nicht alle Vögel schlafen nachts. Die Ruhestunden hängen bei Vögeln, die in der Gezeitenzone Nahrung suchen wie **Strandläufer** und **Regenpfeifer**, weniger vom Tag-Nacht-Rhythmus, als vielmehr von den Gezeiten ab. Diese Vögel trifft man daher auch bei hellem Sonnenlicht oft schlafend an. Andere Arten, wie **Enten**, suchen meist in der Nacht Futter, besonders bei Vollmond, denn dann finden sie ihre Beutetiere leichter.

Wenn man sich zur rechten Zeit am rechten Ort befindet, kann der Schlafplatzflug von Tausenden von **Watvögeln** zu einem unvergesslichen Erlebnis werden. Wenn das Wasser langsam die Nahrungsgründe überflutet, beginnen sich große Vogelschwärme zu bilden. Dies ist oft die beste Zeit für den Beobachter, denn dann bewegen sich die Schwärme am Himmel hin und her oder sie fliegen von einem Platz zum nächsten. Wenn die Flut schließlich vollständig aufgelaufen ist, sammeln sich die Watvögel in riesigen Schwärmen und besetzen die wenigen noch offenen Schlickflächen oder sie suchen sich geeignete Ruheplätze außerhalb des Gezeitenbereichs.

Viele Enten wie dieses Paar Krickenten (Männchen im Vordergrund) suchen den ganzen Tag über Nahrung – nicht selten aber auch nachts.

Die Nahrungssuche richtet sich bei vielen Watvögeln wie bei diesen Knutts und Austernfischern mehr nach den Gezeiten als nach der Tageszeit. Bei Flut sammeln sie sich in großen Scharen, um zu ruhen.

ERNÄHRUNG

Drosseln wie dieses Amsel-Männchen schätzen Beeren sehr und stopfen sich den ganzen Tag damit voll.

TIPP

Nahrungssuche und Schwarmbildung
Zu wissen, was ein Vogel frisst, erleichtert seine Entdeckung, vor allem im Winter, wenn viele der heimischen Vogelarten Schwärme bilden. Man achte auf ihre Kontaktrufe, die den Schwarm zusammenhalten und Artgenossen über Nahrungsquellen informieren.

Nahrung und Nahrungssuche

Betrachtet man die Vögel weltweit, kann man feststellen, dass sie nahezu alles fressen, von Muscheln bis zu Samen, von Beeren bis zu Bienen und von Nüssen bis Nektar. Einige Vögel erbeuten auch andere! Es verwundert daher kaum, dass die verschiedenen Arten und Familien die unterschiedlichsten Arten der Nahrungsaufnahme haben und entsprechend eine Vielzahl unterschiedlicher Schnabelformen entwickelt haben.

Selbst innerhalb ein und derselben Gruppe, etwa den Singvögeln, lässt sich eine erstaunliche Vielfalt von Schnabelformen beobachten. Samenfresser wie **Finken**, **Sperlinge** und **Ammern** klauben ihre Nahrung aus den Fruchtständen der Pflanzen oder sammeln die Samen auf dem Boden auf. Einige von ihnen wie der **Haussperling** haben einen „Vielzweckschnabel", mit dem sie ganz unterschiedliche Samen öffnen können. Andere wie der **Stieglitz** besitzen eher spezialisierte Schnäbel, mit denen sie feine, tief sitzende Samen aus Disteln und weiteren Korbblütern ernten können, was anderen Samenfressern kaum gelingt. Die am höchsten spezialisierten Samenfresser, die **Kreuzschnäbel**, haben einzigartige Schnäbel mit überkreuzten Spitzen entwickelt, mit denen sie Nadelbaumzapfen öffnen können, um an die Samen zu gelangen.

Auch bei Insekten fressenden Vögeln kann man eine breite Palette von Methoden bei der Nahrungssuche beobachten. Viele **Zweigsänger** fangen ihre Beutetiere, indem sie rastlos auf Zweigen und Ästen hüpfen und dabei kleine Insekten aufnehmen. **Goldhähnchen** legen, während sie das Gezweig durchstreifen, kurze Flugphasen ein, indem sie für einen Augenblick in Kolibri-Manier vor einer Zweigspitze rütteln und dabei winzige Insekten absammeln. **Fliegenschnäpper** begeben sich zur Insektenjagd in den Luftraum und packen fliegende Insekten, um die Beute danach auf einem Ansitz zu verzehren. **Bienenfresser** tun dasselbe mit Bienen und anderen Stechimmen. Bevor sie aber das Insekt im Ganzen verschlucken, entfernen sie erst den gefährlichen Stachel. Luftjäger wie **Schwalben** und **Segler** haben einen breiten Rachen, den sie weit öffnen können, um fliegende Insekten effektiv zu fangen.

Andere Singvögel sind „Allesfresser" und verfügen über weniger spezialisierte Schnäbel und Ernährungsmethoden. **Meisen** können Samen und Insekten fressen, ihre Jungen füttern sie vor allem mit Raupen. Arten der Familie **Krähenvögel**, zu denen auch **Häher** und **Elstern** zählen, haben ein breites Nahrungs-

Grauschnäpper erbeuten nach der „Fliegenschnäpper"-Methode kleine Insekten wie Fliegen und Käfer mit elegantem Schwenk im mittleren Luftraum.

Manche Arten wie dieser Stieglitz besitzen spezialisierte Schnäbel, um damit an bestimmten Pflanzen Nahrung zu suchen – in unserem Fall an der Wilden Karde.

spektrum und verfügen dementsprechend über einen „Allzweck-schnabel". **Drosseln** verzehren ebenfalls unterschiedliche Arten von Nahrung; viele von ihnen haben einen langen Schnabel, mit dem sie Regenwürmer erbeuten und im Winterhalbjahr Beeren ernten. Die Fähigkeit, je nach Saison die Ernährung umzustellen, ist ein entscheidender Überlebensfaktor, besonders für Arten, die im Frühjahr und Sommer Insekten verzehren und trotzdem in nördlichen Breiten den Winter überstehen müssen.

Viele dieser Arten haben sich an die Nahrung angepasst, die in künstlichen Futterstellen angeboten wird. Anfangs waren dies hängende Futterspender für **Meisen** und **Sperlinge** und Futterhäuschen für **Stare**, **Rotkehlchen** und **Finken**. Aber die Qualität und Vielfalt der Fütterungsgeräte und Futterstoffe hat diese Art der Nahrungsaufnahme noch für deutlich mehr Arten attraktiv gemacht, beispielsweise für **Spechte** und **Kleiber**.

Auch **Entenvögel** zeigen unterschiedliche Formen des Nahrungserwerbs. Viele Arten von **Schwänen**, **Gänsen** und **Enten** wie die **Pfeifente** weiden auf Wiesen oder Feldern grüne Pflanzenteile ab (sehr zum Leidwesen der Landwirte). Andere, besonders die so genannten Gründelenten wie **Stock-**, **Krick-** und **Spießente**, durchschnattern die Wasseroberfläche auf der Suche nach Kleintieren und kleinen Pflanzenteilen. Die **Löffelente** filtert das Wasser knapp unter der Oberfläche und nimmt dabei winzige Lebewesen wie planktonische Krebse und Algen auf. **Schwäne** tauchen ihre langen Hälse ins Wasser, während die Tauchenten wie **Reiher-** und **Tafelente** untertauchen.

Anders als die meisten übrigen Enten „grasen" Pfeifenten auf Wiesen mit geringer Wuchshöhe. Mit ihrem kurzen, kräftigen Schnabel beißen sie die Halme einzeln ab.

Bezüglich ihres Nahrungserwerbs zeigt kaum eine Vogelgruppe so große Anpassungsfähigkeit wie die **Watvögel**; die erstaunliche Vielfalt von Schnabelgrößen und -formen deutet bereits darauf hin. Viele dieser Arten wie **Alpenstrandläufer** und **Rotschenkel** besitzen „Standard-Schnäbel", mit denen sie im Schlamm stochern und kleine Nahrungsbrocken von der Oberfläche picken. Andere Arten der Gruppe, etwa **Brachvögel** und **Säbelschnäbler**, haben lange, gebogene Schnäbel, mit denen sie tief im Schlamm nach Wattwürmern stochern beziehungsweise mit pendelnden Bewegungen Flachwasser oder feuchten Schlick nach Kleintieren durchsuchen.

Seevögel haben ebenfalls eine breite Palette von Möglichkeiten des Nahrungserwerbs zu bieten. **Tölpel** und viele Arten von **Seeschwalben** fliegen zur Futtersuche über dem Wasser und stürzen sich mit angelegten Flügeln in die Fluten. Andere wie die **Alken** schwimmen auf der Wasseroberfläche und tauchen von dort ab, manchmal bis über hundert Meter tief. **Möwen** sind sehr vielseitig, sie nehmen häufig Nahrung von der Wasseroberfläche auf; manche fliegen truppweise auf Äcker und Felder und sogar auf Mülldeponien, um sich dort zu verköstigen.

Knutts besitzen wie viele andere Watvögel lange Beine. So können sie ins Seichtwasser waten und mit dem Schnabel Kleintiere erreichen, die im Schlamm darunter verborgen sind.

Beutegreifer

Genau genommen ist jeder Vogel, der sich von einem anderen Tier ernährt, ein Beutegreifer. Den Begriff „Greifvogel" verwendet man nur für die am Tag jagenden **Habichtartigen** und **Fischadler**, während die **Falken** eine eigene Familie bilden. Die **Eulen** sind mit diesen drei Gruppen nicht näher verwandt.

Die „Taggreifvögel" (hier sind die Falken eingeschlossen) werden häufig den Eulen als „Nachtgreifvögel" gegenübergestellt. Sie umfassen eine Reihe unterschiedlicher Arten mit einer Vielzahl an Anpassungen im Nahrungsverhalten: **Adler**, **Habichte**, **Bussarde**, **Weihen** und **Milane**, der Fisch fressende **Fischadler** sowie die **Falken**. Sie alle besitzen scharfe Krallen zum Ergreifen und Festhalten der Beutetiere und einen scharfen Hakenschnabel, um die Beute vor dem Verzehr zu zerteilen. Die Art und Weise, wie sie ihre Beutetiere jagen, ergreifen und töten, ist je nach Gruppe ganz unterschiedlich.

Unseren häufigsten und bekanntesten Taggreifvogel, den **Turmfalken**, sieht man oft rüttelnd über einer Wiese in der Luft „stehen" und dann hinabstürzen, wenn er eine unvorsichtige Maus entdeckt hat. Im Gegensatz dazu ergreift der **Baumfalke** fliegende Beutetiere wie Libellen oder Kleinvögel im mittleren Luftraum,

Turmfalken haben die Fähigkeit entwickelt, nahezu bewegungslos über kurzgrasigen Wiesen zu rütteln, um Mäuse, ihre wichtigsten Beutetiere, zu jagen.

Steinkäuze sind in ihrer Ernährungsweise recht vielseitig und anpassungsfähig. Oft fliegen sie von ihrem Ansitz, einem Pfahl oder Zweig, zu Boden und ergreifen ein Beutetier. Sie fangen hauptsächlich Insekten (besonders Käfer), Kleinsäuger wie Echte Mäuse und Wühlmäuse sowie kleine Vögel.

während der **Wanderfalke** aus großer Höhe und mit hohem Tempo herabstößt, um einen Beutevogel zum Absturz zu bringen. **Sperber** können mit ihren recht kurzen Flügeln und dem langen Schwanz geschickt zwischen den Bäumen im Wald und in Gärten manövrieren, um dort Kleinvögel zu jagen. Die deutlich größeren Greifvögel wie **Adler** und **Bussarde** kreisen oft auf der Nahrungssuche in großer Höhe über ihren Revieren; dabei haben es Bussarde auf Mäuse abgesehen, Adler eher auf Hasen oder Raufußhühner. Der **Fischadler** hat eine ganz eigene Technik des Beutefangs entwickelt – er stürzt mit den Fängen voran ins Wasser und packt größere Fische.

Eulen sind überwiegend nachtaktiv. Sie jagen entweder, indem sie auf einem Baum oder anderen Ansitz beobachten und auf eine günstige Gelegenheit warten (**Waldkauz** und **Steinkauz**), oder sie fliegen niedrig über dem Boden und achten auf die kleinste Bewegung eines Kleinsäugers (**Schleiereule**).

Nahrungsspezialisten

Manche Vogelarten haben hoch spezialisierte Methoden des Nahrungserwerbs entwickelt: Entweder bevorzugen sie eine ganz bestimmte Art von Beutetier (z. B. **Bienenfresser** Bienen), oder sie haben sich eine Nahrungsquelle erschlossen, die ihnen normalerweise verwehrt wäre. So lauern **Eisvögel** auf Warten über Flüssen und Seen und stürzen sich ins Wasser, um kleine Fische zu erbeuten.

Manchmal entwickelt eine Vogelart eine Art der Nahrungssuche, die von der verwandter Arten abweicht – wie die **Wasseramseln**, „Wasservögel", die den Drosseln nahe stehen. Sie bewohnen schnell fließende Bäche und Flüsse; oft stehen sie auf Steinen im tosenden Wasser und tauchen von dort aus in die Fluten, um am Gewässergrund laufend wirbellose Tiere zu fangen.

Die vielleicht bizarrste und gleichzeitig eine hoch effiziente Methode der Fut-

Eisvögel sind hervorragende Fischer. Sie tauchen unter die Wasseroberfläche von Flüssen und Seen und packen kleine Fische, ihre begehrtesten Beutetiere, mit dem kräftigen, dolchartigen Schnabel.

Die Skua, auch Große Raubmöwe genannt, ist ein erfolgreicher Beutegreifer, der häufig Piraterie betreibt. Diese Raubmöwen verfolgen andere Seevögel und bedrängen sie so lange, bis sie in Panik geraten und ihre gerade gefangene Beute wieder hochwürgen und fallen lassen.

terbeschaffung ist der Kleptoparasitismus von **Raubmöwen** und einigen Arten von **Möwen**: Dabei verfolgen ein oder mehrere Vögel ein bedauernswertes Opfer (gewöhnlich eine andere Vogelart wie eine kleine Möwe oder Seeschwalbe) und zwingen es zu landen oder gleich im Flug den Inhalt des Kropfes auszuwürgen; daraufhin schnappen und verschlingen die Verfolger die geraubte Beute. Dieses Verhalten beobachtet man vor allem in Seevogelkolonien, wo **Schmarotzerraubmöwen** den Seeschwalben arg zusetzen können. Eine ähnliche Art des „Futterpiratentums" gibt es auch bei Arten der Familie **Krähenvögel**, besonders bei Elstern, die jede Gelegenheit nutzen, um anderen Vögeln das Futter wegzunehmen. Davon sind beispielsweise Spechte oder mitunter sogar Säugetiere wie das Mauswiesel betroffen.

Wasseraufnahme

Man vergisst leicht, dass auch Vögel wie andere Tiere trinken müssen, um ihren Wasserbedarf zu decken. In der Tat erlangen manche Vögel, besonders Insekten verzehrende Arten, einen Großteil ihres Wasserbedarfs aus der Nahrung; sie müssen daher nur einmal am Tag oder alle zwei Tage trinken. Samenfresser müssen dagegen in regelmäßigen Abständen Wasser aufnehmen, um den geringen Feuchtigkeitsgehalt ihrer Nahrung auszugleichen. Sie tun das, indem sie sich am Ufer von Flüssen, Teichen oder Pfützen einfinden oder eine künstliche Wasserstelle wie einen Gartenteich oder eine Vogeltränke aufsuchen.

Vögel sind unfähig, wie wir zu trinken, daher haben sie spezielle Techniken dafür entwickelt. Viele Vögel nehmen einen Tropfen Wasser in den Schnabel, dann recken sie den Kopf nach oben und lassen die Flüssigkeit die Kehle hinunterlaufen. Andere Arten wie Tauben saugen das Wasser ein, indem sie die Flüssigkeit mit vibrierenden Zungenbewegungen in die Kehle pumpen. Trinkende Vögel sind sehr verletzlich gegenüber Fressfeinden und verhalten sich daher entsprechend vorsichtig.

Nur wenige Arten, zu denen auch die **Schwalben** gehören, trinken im Flug. Dabei kommen sie zur Wasseroberfläche und schöpfen das begehrte Nass fliegend mit eingetauchtem Unterschnabel. Vorteil der Methode ist die effektive Feindvermeidung.

Seevögel, besonders die Hochsee bewohnenden Röhrennasen wie **Sturmtaucher** und **Sturmschwalben**, müssen Salzwasser trinken. Sie scheiden das überschüssige Salz aus dem Meerwasser mit Hilfe von speziellen Salzdrüsen aus. Diese Fähigkeit erlaubt ihnen, Wochen oder gar Monate auf See zu verbringen.

TIPP

Trinken
Eine gute Möglichkeit, Vögel zu beobachten, sind kleine Wasserstellen im Wald. Man verharrt möglichst bewegungslos in der Nähe und wartet auf Vögel, die zum Trinken oder Baden erscheinen. Besonders gute Chancen hat man bei heißem Wetter, wenn es in der Nähe keine geeigneten Wasserstellen gibt.

Gebirgsstelzen decken wie viele andere Kleinvögel ihren Wasserbedarf durch die in der Insektennahrung enthaltene Feuchtigkeit oder durch kleine Schlucke, die sie aus Bächen oder Flüssen nehmen.

FORTPFLANZUNG

Höckerschwäne haben den Ruf, streitlustig zu sein; häufig sind sie in Kämpfe mit Artgenossen verwickelt. Auf dem Foto verteidigt das territoriale Männchen sein Revier gegen ein fremdes Männchen, damit es ungestört brüten und die Jungen aufziehen kann.

Brutzeit

Während weniger Monate zu Beginn jeden Jahres drehen sich die Gedanken der Vögel um Liebe. Um es genauer auszudrücken, sie müssen brüten und Junge aufziehen. Dieses Vorhaben ist mit Schwierigkeiten verbunden, denn das Vogel-Männchen muss erst einmal ein geeignetes Territorium besetzen und gegen Rivalen verteidigen und schließlich eine Partnerin (oder mehrere) finden. Danach lernen sich die Paarpartner in mehr oder weniger komplizierten Ritualen besser kennen, bauen ein Nest und vollziehen schließlich die Paarung. Das Weibchen legt die Eier und bebrütet sie (oft abwechselnd mit dem Männchen). Wenn die Jungen geschlüpft sind, beginnt die eigentliche Arbeit, denn der Nachwuchs verlangt ständig nach Futter. Schließlich fliegen die Jungvögel aus, benötigen aber weiterhin elterliche Fürsorge.

Nicht alle Vögel brüten zur gleichen Zeit des Jahres. Jahresvögel wie **Blaumeise** und **Amsel** beginnen damit gewöhnlich früher als Zugvögel wie **Fitis** oder **Mehlschwalbe**, obwohl dies nicht generell gilt. So kehrt der **Zilpzalp** bereits im März nach Mitteleuropa zurück und beginnt sofort mit dem Brutgeschäft, während Jahresvögel wie die **Goldammer** oft erst im Mai ihr erstes Gelege im Jahr zeitigen. **Kreuzschnäbel** legen ihre Eier nicht selten im Januar, die ersten Jungen der Stockente sieht man regelmäßig schon vor Ostern. Manche Arten wie einige **Tauben** scheinen fast das ganze Jahr über zu brüten.

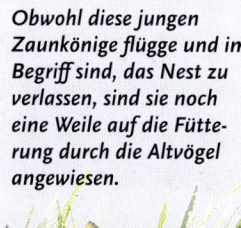

Obwohl diese jungen Zaunkönige flügge und im Begriff sind, das Nest zu verlassen, sind sie noch eine Weile auf die Fütterung durch die Altvögel angewiesen.

Viele Vogelarten brüten mehrmals im Jahr. Die **Amsel** beispielsweise bringt es auf bis zu vier erfolgreiche Bruten, die sich kontinuierlich von März bis Anfang September hinziehen. Anderen Vögeln geht vielleicht die erste Brut verloren; daher starten sie ihren zweiten Brutversuch viel später im Jahr. Mir selbst fiel einmal eine Brut des **Haubentauchers** (in England) auf, deren Junge erst Mitte September schlüpften und trotzdem den folgenden Winter unbeschadet überstanden.

In den letzten Jahren konnte man bei vielen Vogelarten eine Verschiebung des Brutbeginns beobachten – eine Entdeckung, die sich auf die jahrzehntelange Arbeit von Amateur-Ornithologen stützt. Der Klimawandel hat offensichtlich bereits Folgen, denn in vielen Gebieten Europas kommt der Frühling heute rund eine Woche früher – entsprechend zeitigen die Vögel die ersten Gelege bis zu zwei Wochen früher als noch vor 30 Jahren. Bei der gegenwärtigen Tendenz zu milden Wintern könnten einige Vogelarten in absehbarer Zeit bereits vor Weihnachten mit dem Nestbau beginnen, jedoch hätte die Brut bei einem Wintereinbruch natürlich keine Chance.

Singdrosseln tragen ihren stimmungsvollen Gesang oft von einem hoch gelegenen Zweig oder einer Baumspitze aus vor. Dadurch stellen sie sicher, dass Rivalen die Strophen auch aus einiger Entfernung hören können.

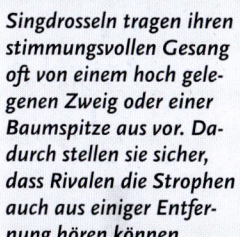

Territorium und Gesang

Ein milder, sonniger Tag Anfang März – und schon ertönt ein vielfältiger Vogelchor in unseren Gärten. **Kohlmeisen** singen unermüdlich ihr monotones „zipe-zipe-zipe ...". Die ersten **Singdrosseln** lassen ihre abwechslungsreichen, mehrfach wiederholten Strophen von Baumspitzen erklingen, und aus dem Unterholz hört man den laut schmetternden Gesang des **Zaunkönigs**. Ein später Wintereinbruch lässt den Vogelchor allerdings wieder verstummen, doch nur vorübergehend.

Rotkehlchen gehören zu den bekanntesten und beliebtesten Singvögeln, möglicherweise weil sie fast das ganze Jahr über singen.

Der Vogelgesang erfüllt vereinfacht dargestellt zwei Hauptfunktionen: Verteidigung eines Territoriums und Anlocken von Weibchen. Meist treffen die Männchen etwas früher an den Brutplätzen ein als die Weibchen; in den ersten Tagen etablieren sie ihre neuen Reviere, legen die Grenzen fest und verteidigen sie gegen Eindringlinge, vor allem Männchen der eigenen Art.

Manche Arten, wie das **Rotkehlchen**, singen im Gegensatz zu den meisten anderen Singvögeln auch im Herbst und Winter – sie behaupten nämlich Winterterritorien. An einem kalten Spätherbsttag ist es oft als einzige Vogelart zu hören; im März jedoch, wenn die Sonne scheint, gehen die perlenden Rotkehlchenstrophen im bereits vielstimmigen Vogelchor leicht unter.

Die zweite, ebenso wichtige Funktion des Vogelgesangs ist das Anlocken eines Geschlechtspartners. Wenn die Weibchen zu den Brutplätzen zurückkehren, befinden sich die Männchen bereits in erbitterten Auseinandersetzungen. Für diejenigen Männchen, die nicht zur Fortpflanzung gelangen, ist das Risiko groß zu sterben, ohne die eigenen Gene in die nächste Generation eingebracht zu haben – vor allem bei Singvögeln, deren Lebenserwartung nur rund ein Jahr beträgt.

Ein merkwürdiges Phänomen beim Thema Vogelgesang ist die Tatsache, dass die besten Sänger das unscheinbarste Gefieder tragen. Das Rotkehlchen scheint da eine Ausnahme zu sein, aber für **Amsel**, **Nachtigall**, **Gartengrasmücke** und **Sumpfrohrsänger** trifft es zu. Eine mögliche Erklärung könnte sein, dass es Vögel mit prächtigem Gefieder nicht „nötig" haben, mit komplizierten

Gesängen ein Weibchen anlocken zu müssen, diejenigen mit unattraktiv grauem oder schwarzem Gefieder aber sehr wohl.

Ähnlich wie Nahrung und Lebensraum zählt auch der Gesang zu einem der wichtigsten Parameter bei der ökologischen Isolation (Isolationsmechanismen) der verschiedenen Arten. Dieser Zusammenhang wurde erst im 18. Jahrhundert durch den britischen Naturforscher Gilbert White aufgeklärt. Er beschrieb als Erster die drei Laubsänger **Zilpzalp**, **Fitis** und **Waldlaubsänger** als getrennte Arten, nachdem er ihre Gesänge genau studiert hatte.

Paarbildung, Balz und Paarung

Wenn ein singendes Männchen eine Partnerin gefunden hat, beginnt die wichtige Phase der Balz und Verpaarung. Nach der Nahrungsaufnahme ist dies der zweitwichtigste Aspekt im Leben eines Vogels. Balzverhalten läuft in ganz unterschiedlicher Ausprägung ab und muss nicht unbedingt im Frühling beginnen; bei manchen Arten findet Balzgeschehen bereits im Januar statt.

Die Balz des **Haubentauchers** gehört zu den spektakulärsten Verhaltensweisen in der heimischen Vogelwelt. Dazu schwimmen beide Vögel aufeinander zu, sträuben ihre Kopfhaube und den Backenbart und schütteln ihre Köpfe in einer ritualisierten Pantomime. Wenn man viel Glück hat, vollführen die Paarpartner den „Pinguintanz", wobei sie Wasserpflanzen in den Schnabel nehmen und gleichsam voreinander aufstehen und mit den

TIPP

Gesang am Abend
Der Vogelchor am frühen Morgen wird zurecht hoch geschätzt, doch auch vor Sonnenuntergang haben die Vögel einiges zu bieten. Dann sind ihre Gesangsdarbietungen zwar nicht so spektakulär und laut wie am Morgen, dafür aber umso stimmungsvoller.

Dieses Paar Haubentaucher vollführt den berühmten Pinguintanz – der auffälligste Abschnitt ihres Balzverhaltens.

*Bei Haus- oder Straßen-
tauben sieht man
eine Reihe faszinierender
Verhaltensweisen, die
während der Balz und
Paarbildung ablaufen.
Nicht selten findet
anschließend die
Begattung statt.*

*Das Säbelschnäbler-
Weibchen (links) duckt sich
auffordernd nach vorn
und signalisiert so
dem Männchen, dass es
zur Paarung bereit ist.*

Füßen heftig paddeln; gleichzeitig drehen sie ihre Köpfe mit den Pflanzen im Schnabel dicht voreinander hin und her.

Eines der einfachsten Balzspiele lässt sich bei **Straßentauben** beobachten. Das Männchen bläst sich dabei auf wie ein Preis-boxer und vollführt einen Tanz um das Weibchen, das sich von der Show meist nur wenig beeindruckt zeigt. Nach mehrfachen Verbeugungen und Gurren versucht das Männchen schließlich, sich mit dem Weibchen zu paaren, wobei die Täubin dies in vie-len Fällen nicht zulässt. Ein faszinierendes Balzspiel zeigen die

Säbelschnäbler: Das Männchen nähert sich dem Weibchen und taucht dabei seinen Schnabel ins Wasser, als wolle es Nahrung suchen. Wenn es feststellt, dass das Weibchen seine Annäherung nicht ablehnt, springt es auf den Rücken der Partnerin, paart sich ein oder zwei Sekunden lang mit ihr und springt wieder auf den Boden. Daraufhin folgt ein kurzes Ritual, bei dem beide mit gekreuzten Schnäbeln ein Stück nebeneinander herlaufen.

Diese Verhaltensweisen haben ihren Sinn. Nur erfolgreiche Männchen können sich paaren und fortpflanzen. Aber auch das Weibchen ist unter Druck, denn es muss das gesündeste Männchen auswählen, um möglichst viele gesunde Nachkommen zu zeitigen. Viele Balzrituale wirken auf uns spaßig, für die beteiligten Vögel ist es jedoch eine Frage von Leben oder Tod.

Die eigentliche Paarung ist meist kurz und wird über einige Tage mehrmals vollzogen. Die Partnerin nimmt gewöhnlich eine kauernde Haltung ein und erlaubt so dem Männchen, auf ihren Rücken zu springen und durch Aneinanderpressen der Kloaken den Samen in ihren Körper zu übertragen.

Nestbau

Nachdem das Balzritual absolviert ist und die Paarbindung dadurch gefestigt wurde, beginnt gewöhnlich die Phase des Nestbaus. Der Ausdruck „Bau" passt nicht in allen Fällen, denn manche Arten suchen nur einen Platz aus und legen dort ihre Eier ab. Dies trifft besonders bei koloniebrütenden Seevögeln zu. So legen **Lummen** und **Alken** ihr einziges Ei in eine flache Vertiefung auf dem Sims einer Steilklippe ab. Das Ei hat Birnenform und rollt daher nur in sehr engen Kreisen, damit es von dem oft hohen Brutfelsen nicht abstürzt. Andere Vögel wie **Uferschwalben**, **Stare**, **Eisvögel** und **Spechte** legen ihre Eier in einer Höh-

> **TIPP**
>
> **Nistmaterial**
> *Im zeitigen Frühjahr achte man auf Vögel, die Nistmaterial in den Garten transportieren. Sie können ihnen dabei helfen, indem Sie geeignetes Material zur Verfügung stellen, wie Stroh oder Haare. Damit bauen die Vögel das Nest oder kleiden die Nestmulde aus.*

Rotkehlchen bauen ihre Nester manchmal an ungewöhnlichen Orten wie auf Spülkästen von Toiletten, in liegenden Gießkannen oder sogar unter Motorhauben von still gelegten Autos. Der abgebildete Vogel hat jedoch einen eher konventionellen Nistplatz gewählt.

Papageitaucher nisten geschützt vor Fressfeinden in Kaninchenbauen. Als Unterlage für die Eier verwenden sie etwas trockenes Gras und anderes weiches Pflanzenmaterial.

lung in einer Uferwand bzw. in einem Baum ab. Diese Nistweise erfordert nur ein Minimum an Nestbau-Aktivitäten. Für die meisten Vögel ist jedoch ein stabiles Nest nötig, damit die Eier sicher sind und erfolgreich bebrütet werden können. Vogelnester können sehr unterschiedliche Formen und Größen aufweisen – ebenso der Aufwand und die Sorgfalt bei ihrer Fertigung.

Das „klassische" Vogelnest ist ein Gebilde, wie man es beispielsweise bei der **Amsel** oder **Singdrossel** sieht: ein hübscher Napf aus verflochtenen Grashalmen oder kleinen Zweigen und einer aus Erde bestehenden Auskleidung der Nestmulde. Viele größere Vögel wie die **Ringeltaube** gehen beim Bau ihres Zweignestes viel nachlässiger vor; oft ist es so wenig sorgfältig erstellt, dass man von unten die Eier sehen kann. Dagegen ist das Nest der **Schwanzmeise** geradezu ein Meisterwerk. Das bis auf das seitliche Flugloch geschlossene, hochovale Gebilde aus Haaren,

Moos, Spinnweben und bis zu 2000 Federn wird außen von Flechten zusammengehalten. Meist ist es „unsichtbar" in die Gabelung eines flechtenbewachsenen Astes eingepasst.

Andere Kleinvögel wie die **Laubsänger** brüten oft in Bodennähe oder im Gezweig eines Baums. **Goldhähnchen** verflechten ihr kleines, dickwandiges Moosnest so geschickt an der Unterseite eines Nadelbaumastes, dass es selbst bei Sturm nicht abstürzt.

Wasservögel wie **Blässhühner** und **Lappentaucher** bauen schwimmende Nester aus Wasserpflanzen; beim **Haubentaucher** bedecken die Altvögel mit dem feuchten Baumaterial auch die Eier, wenn sie das Nest für die Nahrungssuche verlassen.

Eines der größten Nester, die von mitteleuropäischen Vögeln erstellt werden, stammt vom **Steinadler**. Es ist eine mächtige Konstruktion aus Ästen und Zweigen, die bis über zwei Meter hoch werden kann. Am anderen Ende der Größenskala steht das Nest des **Zaunkönigs**. Das Männchen erstellt mehrere Nester, von denen das „anspruchsvolle" Weibchen das beste auswählt.

Schwanzmeisen fertigen ein außerordentlich kunstvolles, hochovales Nest. Es ist meist sehr gut in Bäumen oder hohen Büschen versteckt und besitzt einen seitlichen Eingang.

TIPP

Schlüpfen der Jungvögel
Nachdem die Jungen geschlüpft sind, ändert sich das Verhalten der Altvögel: Sie sind jetzt ständig damit beschäftigt, Nahrung zu suchen und ihre hungrige Brut zu füttern. Auch nach dem Ausfliegen sind die Jungen noch eine Weile auf Fütterungen durch die Altvögel angewiesen.

Eiablage und Brut

Sobald das Nest fertig gestellt ist, beginnt das Weibchen mit der Eiablage. Die Gelegegröße ist bei den einzelnen Vogelgruppen sehr unterschiedlich und reicht von einem (bei den meisten **Seevögeln**), drei bis fünf (bei vielen **Watvögeln**), vier bis zwölf (bei **Singvögeln** und **Enten**) bis zu 20 oder mehr (**Hühnervögel** wie der **Jagdfasan**) Eiern. Gewöhnlich wird ein Ei pro Tag gelegt, die Bebrütung beginnt meist nach Ablage des letzten Eis, wenn das Gelege komplett ist.

Dies ist eine risikoreiche Zeit, denn für Eichhörnchen wie für **Krähen** oder **Elstern** bietet ein Singvogelgelege ein willkommenes Mahl. Einen großen Einfluss auf das Gelingen der Brut hat auch das Wetter: Besonders Starkregen und späte Wintereinbrüche lassen viele Eier absterben. Die Bebrütung des Geleges ob-

Elstern suchen zur Brutzeit gezielt nach Nestern anderer Vögel und verzehren deren Eier. Das Nest der Elster ist ein lose zusammengefügter, rundlicher Bau, der sich oft in großer Höhe auf Bäumen befindet.

liegt dem Weibchen, wobei das Männchen Nahrung heranschafft (bei den meisten Singvögeln), oder beiden Altvögeln (bei den meisten Seevögeln). Bei einigen nordischen Vogelarten wie **Mornellregenpfeifer** und **Odinshühnchen** sind die Rollen vertauscht: Das Männchen bebrütet das Gelege, während das Weibchen den Brutplatz häufig verlässt (siehe Ungewöhnliches Brutverhalten).

Die Brutdauer, also die Zeit von der Eiablage bis zum Schlüpfen der Jungen, variiert beträchtlich. Sie reicht von elf Tagen bei der **Klappergrasmücke** und **Feldlerche** bis zu einer erstaunlichen Zeitdauer von 54 Tagen, wie im Fall des **Schwarzschnabel-Sturmtauchers** (und dauert sogar noch länger bei manchen **Sturmvögeln**).

Die meisten **Singvögel** brüten rund zwei Wochen; bei **Enten**, **Watvögeln** und **Hühnervögeln** dauert dieser Zeitraum drei bis vier Wochen. **Seevögel** haben mit vier bis über sieben Wochen die längste Brutdauer. Die Jungen kommen bereits mit genügend Fettvorräten im Körper zur Welt und können daher mehrere Tage fasten, wenn die Altvögel zur Nahrungssuche weit auf dem Meer umherstreifen.

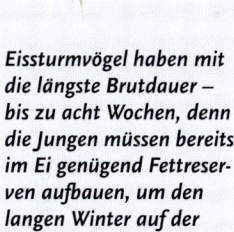

Das Gelege wird bei vielen Vogelarten so bebrütet, dass die Jungen alle innerhalb weniger Stunden schlüpfen; das bedeutet auch, dass die Nestlingszeit, also der Zeitraum vom Schlüpfen bis zum Verlassen des Nestes, bei allen Jungen ungefähr gleich lang dauert. Bei größeren Vögeln, beispielsweise **Adlern**, die zwei Eier legen und bereits nach dem ersten Ei zu brüten beginnen, schlüpft der zweite Jungvogel einen oder zwei Tage später als sein Geschwister. Entsprechend hinkt er in seiner Entwicklung hinterher und wird nicht selten vom Geschwister getötet.

Eissturmvögel haben mit die längste Brutdauer – bis zu acht Wochen, denn die Jungen müssen bereits im Ei genügend Fettreserven aufbauen, um den langen Winter auf der Hochsee zu überstehen.

Küstenseeschwalben greifen gewöhnlich jedes Lebewesen an, das ihrem Nest zu nahe kommt. Bei fehlender Kopfbedeckung zieht man sich daher leicht eine blutende Kopfwunde zu.

Schleiereulen sind für ihre Brut und Jungenaufzucht in hohem Maße auf Gebäude angewiesen; gern brüten sie in speziell gefertigten Nistkästen, die vielerorts zu deutlicher Bestandszunahme der seltenen Eule beigetragen haben.

Brutfürsorge und Ausfliegen der Jungen

Jungvögel lassen sich in zwei Gruppen einteilen: Arten, die blind geboren werden, mehrere Wochen in einem Nest verbringen und auf ständige Fütterung und Betreuung durch ihre Eltern angewiesen sind, und solche, die das Nest kurze Zeit nach dem Schlüpfen laufend oder schwimmend verlassen und Nahrung von Anfang an selbstständig oder mit Hilfe der Eltern finden.

Vögel der ersten Gruppe, die alle **Singvögel** umfasst, nennt man Nesthocker, während die Arten der zweiten Gruppe, unter ihnen **Enten**, **Watvögel** und **Hühnervögel**, als Nestflüchter bezeichnet werden. Für manche Vögel, wie **Möwen** und **Seeschwalben**, hat man eine weitere Gruppe – Platzhocker – eingerichtet, denn deren Junge werden sehend und mit einem Dunenkleid geboren, bleiben jedoch einige Tage im Nest oder in der unmittelbaren Nestumgebung, wo sie von ihren Eltern gefüttert werden.

Da beide Strategien von einer Vielzahl ganz unterschiedlicher Arten genutzt werden, müssen sie sich seit langer Zeit bewährt haben. Für **Singvögel**, die ihre Nester meist im Gezweig oder in Höhlen von Bäumen anlegen, bedeutet die Nesthocker-Strategie, dass die Jungen (relativ) sicher sind, während die Altvögel Nahrung suchen. **Enten** und **Schwäne** sowie andere Nestflüchter-Arten wie **Hühnervögel**, die alle am Boden oder am Wasser nisten, sind in ihrer Strategie ähnlich erfolgreich. Ihre Jungen sind von Anfang an fähig, die Nahrungsressourcen der Umgebung zu nutzen und ihren Fressfeinden zu entkommen, indem sie laufen, schwimmen oder sich verstecken. „Ausfliegen" ist eine Bezeichnung, die nur auf Nesthocker zutrifft – das Verlassen des

Nestes, nachdem der Jungvogel sein erstes Kleid (Jugendkleid) mehr oder weniger vollständig angelegt hat und bereits recht gut fliegen kann. Auch nach dem Ausfliegen sind die Jungen der meisten Singvögel von den Eltern abhängig; trotzdem ist die Sterberate der Jungen in dieser Zeit sehr hoch. Als „flügge" bezeichnet man einen Jungvogel, der flugfähig und meist voll befiedert ist. Junge Hühnervögel können jedoch bereits fliegen, wenn ihr Federkleid noch unvollständig ausgebildet ist.

Wie die Brutdauer schwankt auch die Nestlingszeit innerhalb der Arten und natürlich noch mehr von Vogelgruppe zu Vogelgruppe. Die Jungen der meisten **Singvögel** fliegen im Alter von etwa zwei bis drei Wochen aus. Diese Periode reicht von knapp elf Tagen bei der **Klappergrasmücke** bis 24 Tage bei der **Rauchschwalbe**. Krähenvögel bleiben noch länger im Nest: Junge **Dohlen** und **Rabenkrähen** brauchen dazu rund fünf Wochen.

Bei größeren Vögeln kann die Nestlingszeit erheblich länger sein. Wieder einmal halten hier die Seevögel den Rekord – mit bis zu 10,5 Wochen der **Schwarzschnabel-Sturmtaucher**. Die Jungen dieses Sturmtauchers müssen die Bruthöhle verlassen oder sie gehen zu Grunde, denn die Eltern füttern die letzten zehn Tage vor dem Ausfliegen in der Regel nicht mehr.

Die Schwarzkopf-Ruderente, die aus Nordamerika stammt, stellt für die einheimische Weißkopf-Ruderente eine erhebliche Bedrohung dar, denn sie vermischt sich mit ihr und verdrängt auf diese Weise die europäische Art.

Bastardierung und ungewöhnliches Brutverhalten

HYBRIDE

Besonders knifflig für unerfahrene Vogelbeobachter ist die Bestimmung von Vögeln mit Merkmalen von mehr als einer Art, die in keinem Feldführer stehen. Es kann sich um Vögel mit abweichender Gefiederfärbung wie Teilalbinos (teilweise weiß) oder um melanistische Vögel (Schwärzlinge) handeln. In anderen Fällen sind es Hybriden oder Bastarde – Nachkommen von zwei verschiedenen Arten.

Das Ausmaß der Hybridisation variiert erheblich. Bei manchen Gruppen, z. B. vielen **Singvögeln**, sind Bastarde so gut wie unbekannt. In anderen dagegen, wie den **Entenvögeln**, ist dieses Phänomen keine Seltenheit und wird durch viele Nachweise dokumentiert. So werden immer wieder Enten und Gänse beob-

43

Hybridvögel können unerfahrene Beobachter gehörig verwirren, beispielsweise dieser Bastard zwischen Reiher- und Tafelente

achtet, die vermutlich Hybriden sind und sogar erfahrene Beobachter verwirren, denn sie ähneln nicht selten eher einer dritten Art als einer der beiden Elternarten – z. B. die Kreuzung aus Reiherente × Tafelente, die an die Kleine Bergente, einen seltenen amerikanischen Ausnahmegast, erinnert. Gänse neigen besonders zu Hybridisierung, sowohl zwischen zwei Wildvögeln als auch zwischen einem Wildvogel und einer domestizierten Form. Greifvögel dagegen bastardisieren nur selten im Freiland, jedoch gelingt dies leider unter Gefangenschaftsbedingungen regelmäßig; unverantwortliche Falkner haben sogar so bizarre Kreuzungen wie Wanderfalke × Merlin zustande gebracht.

Hybridisierung mag bedeutungslos erscheinen, denn die Nachkommen sind oft unfruchtbar (in der Tat ist das Kriterium für eine „gute" Art, dass die Jungen bei Vermischung mit einer nah verwandten Art nicht fruchtbar sind). In manchen Fällen haben beide Elternarten jedoch genügend gemeinsame Gene, sodass eine stabile Hybridgeneration entstehen kann; auf diese Weise kann sich eine neue Form oder sogar Art entwickeln.

Das vielleicht bekannteste Hybridproblem erwächst bei den Ruderenten; einige Männchen der aus Nordamerika stammenden Schwarzkopf-Ruderente sind von England, wo sie eingeführt wurden, selbstständig nach Südspanien abgewandert und haben sich mit den dort heimischen Weißkopf-Ruderenten gepaart. Dadurch wird der Genpool der bodenständigen Art „verwässert", sodass die gesamte südwesteuropäische Population der artreinen Weißkopf-Ruderenten heute vom Aussterben bedroht ist.

UNGEWÖHNLICHES BRUTVERHALTEN

Eine weitere Form von ungewöhnlichem Brutverhalten ist der Rollentausch der Geschlechter. Dieses Phänomen tritt nur bei wenigen Vogelarten auf, beispielsweise bei **Odinshühnchen** und **Mornellregenpfeifer**. Bei diesen nordischen Watvogelarten trägt jeweils das Weibchen das prächtigere Gefieder, übernimmt den aktiven Part bei der Balz und Revierverteidigung und verlässt oft den Partner kurz nach der Eiablage. Dem Männchen obliegt folglich die Bebrütung des Geleges und die Betreuung der Jungen. Von (beringten) Mornellregenpfeifern wurde bekannt, dass Weibchen zunächst in Schottland ein Gelege zeitigten und dieses einem Männchen zur Bebrütung überließen, dann nach Skandinavien flogen, um sich dort ein zweites Mal zu verpaaren und Eier zu legen.

Die wohl bekannteste Spielart ungewöhnlichen Brutverhaltens ist der Brutparasitismus, das heißt, die eigenen Eier in fremde Nester zu legen und von den Wirtsvögeln ausbrüten zu lassen. Bei einer Reihe von Vogelgruppen weltweit wurde dieses Verhalten beobachtet, in Mitteleuropa gibt es aber nur eine Art, die das regelmäßig tut, der **Kuckuck**.

Die Vögel kehren erst im Mai aus ihren afrikanischen Winterquartieren zurück und beginnen gleich danach mit der Paarung und Eiablage. Im Gegensatz zu den meisten anderen Vögeln baut das Kuckucksweibchen kein eigenes Nest. Stattdessen legt es seine

Kuckucke sind dafür bekannt, dass sie ihre Eier in fremde Nester legen; dazu entfernt das Weibchen zunächst ein oder mehrere Eier des Wirtsvogels (oben). In vielen Fällen ziehen die ahnungslosen Elternvögel (links eine Heckenbraunelle) den jungen Kuckuck wie eigene Jungvögel groß.

Eier in das Nest einer bestimmten Wirtsvogelart – in deren Nest es selbst zur Welt kam. Häufige Kuckuckswirte in Mitteleuropa sind **Teichrohrsänger**, **Rotkehlchen** und **Hausrotschwanz**. Zunächst entfernt das Kuckucksweibchen alle im Nest befindlichen Eier, bevor es rasch sein eigenes Ei (gewöhnlich in der Farbe der Wirtsvogeleier „getarnt") hineinlegt. Manche Kuckuckseier werden von den Wirtsvögeln als nicht arteigen erkannt und nicht akzeptiert. Im Erfolgsfall aber stemmt der junge Kuckuck kurz nach dem Schlüpfen instinktiv alle vorhandenen Eier und Jungen zum Nestrand und dann aus dem Nest, um als Einziger die ganze Aufmerksamkeit der Pflegeeltern für sich zu haben.

Der Kuckuck befindet sich mit seinen Wirtsvögeln in einem permanenten Anpassungskrieg, bei dem er oft als Gewinner hervorgeht. Das Weibchen legt pro Saison bis zu 20 Eier und verlässt Mitteleuropa bereits in Richtung Afrika, wenn seine Jungen noch im Nest gefüttert werden.

Polygamie

Genau genommen dürfte Polygamie, also die Paarung mit mehr als einem Partner, nicht unter dem Stichwort „Ungewöhnliches Brutverhalten" erscheinen, denn diese Form der Partnerschaft

Grauammern sehen sehr unscheinbar aus, sie bieten aber ein außergewöhnliches Sexualleben, denn jedes Männchen paart sich mit bis zu sieben Weibchen.

findet man bei vielen Vogelarten. Während sich einige Vogelarten mehr oder weniger lebenslang verpaaren (etwa der **Höckerschwan**), legen sich die Männchen anderer Arten einen „Harem"

Auch die Heckenbraunelle hat ein höchst interessantes Brutverhalten: Das Männchen bewacht sein Weibchen sehr intensiv, damit es nicht die Jungen eines fremden Männchens betreuen muss.

zu, wobei jedes Weibchen seine Eier in ein eigenes Nest legt. Ein passendes Beispiel für dieses Verhalten, das man als „Polygynie" bezeichnet, bietet die **Grauammer**. Deren Männchen sind mit bis zu sieben oder mehr Weibchen verpaart, die alle in seinem Revier brüten. Auf der anderen Seite betreibt der **Kuckuck** Polyandrie, das heißt, ein Weibchen paart sich mit mehr als einem Männchen.

Wissenschaftliche Studien haben ergeben, dass die „Paare" vieler Vogelarten einander nicht so treu sind, wie man bisher annahm. Beispielsweise bewacht das Männchen der **Heckenbraunelle** sein Weibchen, das sich sonst mit anderen Männchen der Umgebung paaren würde. Dadurch stellt das Männchen sicher, dass die Jungen, die im Nest seines Weibchens schlüpfen, auch von ihm sind. In anderen Fällen wählt sich ein Weibchen einen Partner zum Nestbau und zur Bebrütung der Eier, paart sich aber weiterhin mit anderen Männchen. Auf diese Weise versucht das Weibchen, seine Chancen zu steigern, gesunde Junge zu produzieren und so die eigenen Gene möglichst effektiv an zukünftige Generationen weiterzugeben. Die Männchen müssen ihre Weibchen möglichst gut bewachen, damit sie ihr Engagement nicht für die Jungen fremder Männchen einsetzen.

WANDERUNG & ORIENTIERUNG

Rauchschwalben kehren meist Ende April oder Anfang Mai zu ihren Brutplätzen im nördlichen Europa zurück. Diese beiden putzen sich auf einem Leitungsdraht – ein gepflegtes Gefieder ist für Zugvögel lebensnotwendig.

Warum ziehen Vögel?

Laut Berechnungen ziehen etwa fünf Milliarden Vögel von mehr als 200 Arten von Eurasien nach Afrika und zurück. Darin enthalten sind so unterschiedliche Vogelgruppen wie **Watvögel** und **Zweigsänger**, **Schwalben** und **Seeschwalben**. Ohne Zweifel ist der Vogelzug als eine Strategie der Evolution sehr erfolgreich.

Warum ziehen Vögel? Warum fliegen sie Tausende von Kilometern nach Süden und begeben sich oft in große Gefahr? Und warum kommen sie überhaupt zurück, wenn sie ihre beschwerliche Reise in den Süden überstanden haben und dort etabliert sind? Warum bleiben sie nicht das ganze Jahr über dort, wo es warm ist? Die gängige Antwort auf diese Fragen lautet: Die Vögel sind unfähig, den Winter in nördlichen Breiten zu überstehen; sie müssen daher nach Süden ziehen, um Nahrung zu finden. Das stimmt zwar, ist aber nur die halbe Wahrheit.

Es ist vermessen, die Zugvögel, die im Winter nach Süden ziehen, als „unsere" zu bezeichnen. Arten wie **Schwalben**, **Zweigsänger** und **Schnäpper** sind eigentlich afrikanische Vögel, die vor langer Zeit nach Norden auswichen, um der Konkurrenz durch andere Arten zu entgehen. Durch ihren nordwärts gerichteten Zug fanden sie „ökologische Nischen", die ihnen erlaubten, zu brüten und ihre Jungen aufzuziehen, denn es gab dort sehr viel Nahrung, mehr Stunden mit Tageslicht (als in Afrika) und weniger Konkurrenz. In Anpassung an diese Wanderungen entwickelten die Vögel

Nach der Brutzeit unternehmen Rauchschwalben eine außerordentlich weite Reise halb um den Globus von Europa nach Südafrika – eine Entfernung von fast 10 000 Kilometern.

z. B. längere Flügel sowie die Fähigkeit zur Navigation und zur Einlagerung von Fett als „Flugtreibstoff". Zu Beginn des Herbstes sinken jedoch die Temperaturen und die Insekten, auf die so viele Arten angewiesen sind, verschwinden. Durch die kürzer werdenden Tage steht weniger Zeit zur Verfügung Nahrung zu suchen. Viele Insektenfresser wie **Laubsänger** und **Schnäpper** stehen nun vor der Wahl, auszuharren und zu sterben oder nach Süden zu ziehen.

Wir nehmen oft an, dass Zugvögel größeren Gefahren ausgesetzt sind als Nichtzieher, jedoch könnte das Gegenteil der Fall sein: Peter Berthold, international anerkannter Experte in Sachen Vogelzug, ist sich dessen sicher. Sommervögel wie der **Schilfrohrsänger** ziehen meist nur eine Brut pro Jahr auf – im Gegensatz zu Jahresvögeln wie **Zaunkönig** oder **Amsel**, die im gleichen Zeitraum zweimal oder öfter brüten müssen, um die Verluste im Winter auszugleichen. Manche Vögel legen sogar mehr als ein Dutzend Eier auf einmal. Diese Beobachtungen machen wahrscheinlich, dass Ausharren im nördlichen Winter gefährlicher ist als die lange Wanderung nach Afrika und zurück.

Schilfrohrsänger sind in Europa Sommervögel, die nur einmal brüten, bevor sie im Herbst in wärmere Gegenden zurückkehren.

Der schwedische Wissenschaftler Thomas Alerstam geht noch weiter, indem er die Frage stellt: Wenn die Strategie „Ziehen" so erfolgreich ist, wie es scheint, warum gibt es dann überhaupt Jahresvögel? Warum ziehen dann nicht alle Vögel?

Wie orientieren sich die Vögel?

Seit die alten Griechen versucht haben, eine Nachricht an den Beinen von Zugvögeln anzubringen, um herauszufinden, wo sie den Winter verbringen, sind die Menschen von dem Phänomen Vogelzug fasziniert. Auch heute fällt es schwer zu begreifen, dass kleine Vögel wie **Fitis** oder **Mehlschwalbe** eine so gewaltige Strecke über den Erdball zurücklegen können.

In der Tat ist es noch nicht so lange her, dass man den Verbleib der Zugvögel im Herbst mit Winterschlaf wie bei Säugetieren zu erklären versuchte. Im Herbst sah man, wie sich die Rauchschwalben über Gewässern sammelten. Und einige Beobachter behaupteten sogar, gesehen zu haben, wie die Vögel ins Wasser fliegen, um dort im Schlamm zu überwintern. Selbst ein großer Ornithologe des 18. Jahrhunderts, Gilbert White, unterstützte diese Theorie, obwohl er auch Zweifel äußerte.

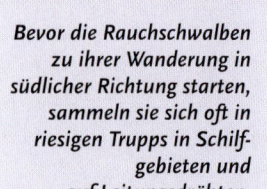

Bereits zu Zeiten des Alten Testaments vermuteten die Menschen richtig, dass die Vögel im Herbst nach Süden ziehen, um die kalten Monate zu umgehen. Ein Beweis für diese frühe Einsicht über den Vogelzug steht im Buch Jeremias: „Der Storch unter dem Himmel weiß seine Zeit; Turteltaube, Kranich und Schwalbe halten die Zeit ein, in der sie wiederkommen sollen ...".

Dieses Konzept liegt erstaunlich nah an der Wahrheit. Viele Vögel wählen den Zeitpunkt für ihre Wanderungen entsprechend den Änderungen des Tag-Nacht-Rhythmus'. Jedoch spielen bei der Bestimmung des Abflugs meist auch lokale Faktoren wie das Wetter eine Rolle. Die Tageslänge beeinflusst das endokrine System des Vogels, das mit Hormonausschüttung reagiert und so den Körper für die lange Reise vorbereitet, z.B. durch starke Fetteinlagerung. Nach der Rückkehr aus dem Winterquartier stellt das endokrine System sicher, dass der Körper für den Beginn des Brutgeschäfts gerüstet ist. Sind die Vö-

Bevor die Rauchschwalben zu ihrer Wanderung in südlicher Richtung starten, sammeln sie sich oft in riesigen Trupps in Schilfgebieten und auf Leitungsdrähten.

gel zu ihrer Wanderung aufgebrochen, benutzen sie, statt sich auf einen einzigen Orientierungsmechanismus zu verlassen, ein komplexes hierarchisches Navigationssystem, um ihren Weg zu finden. Informationen für die richtige Richtung bieten Sonne und Sterne – wie dem Menschen –, aber auch polarisiertes Licht über Land und über Wasser sowie das Magnetfeld der Erde, als hätten sie einen eingebauten Kompass. Außerdem helfen ihnen Informationen zur Flugroute, die sie als Teil des genetischen Codes von ihren Eltern geerbt haben. Wenn die Wanderer ihr Ziel erreicht haben, verlassen sie sich mehr auf die lokale Topographie, indem sie z. B. Flusstälern oder der Küstenlinie folgen.

Keine dieser Methoden ist unfehlbar. Bei manchen Jungvögeln, die zum ersten Mal ziehen, scheint die innere Uhr nicht richtig zu funktionieren, sodass die Reise in die verkehrte Richtung geht. Andere Vögel werden durch ungünstige Wetterverhältnisse irritiert; vor allem dichte Bewölkung und Regen verhindern eine optische Orientierung nach den Sternen oder nach Landmarken. Vögel mancher Gruppen, die besonders lange Strecken über das offene Meer zurücklegen, werden nicht selten durch kräftige Seitenwinde von ihrem Kurs abgebracht. Sie sind aber meist durch ihr „eingebautes Navigationsprogramm" zur Kurskorrektur fähig und erreichen ihr Ziel trotzdem.

Mehlschwalben sammeln sich auf Leitungsdrähten und zwitschern, als würden sie die lange, vor ihnen liegende Reise besprechen.

Orientierungsmechanismen

Nicht alle Vögel orientieren sich auf ihren Wanderungen in gleicher Weise. **Zweigsänger** und viele **Kleindrosseln** ziehen nachts und verbringen die Tage mit Fressen und Feindvermeidung. Andere wie **Schwalben** und **Greifvögel** sind typische Tagzieher, die vor dem Abflug Nahrung suchen. **Knutt** und **Schilfrohrsän-**

TIPP

Sichtbarer Vogelzug
Am frühen Morgen im Oktober lohnt sich oft die Beobachtung des sichtbaren Vogelzugs, denn dann sieht man häufig Trupps von ziehenden Singvögeln wie Wacholderdrosseln; am besten bestimmt man sie anhand ihrer arttypischen Flugrufe. Eine Stunde nach Sonnenaufgang ist der sichtbare Vogelzug großenteils vorbei.

ger sind ausgesprochene Langstreckenzieher, deren Strategie es ist, viel Depotfett einzulagern, um damit die gesamte Zugstrecke in wenigen Etappen von jeweils einigen Hunderten oder sogar Tausenden Kilometern zu bewältigen. Die **Rauchschwalbe** „trödelt" dagegen, sie fliegt immer nur kurze Etappen und braucht so für ihre lange Wanderung mehrere Wochen bis Monate.

Manche Vögel wie die nordamerikanischen **Waldsänger** wählen, um die Strecke abzukürzen, den direkten Weg über das Meer und müssen daher große Entfernungen im Nonstop-Flug überwinden. Besonders Greifvögel wie **Adler** und **Bussarde** vermeiden den Flug über das Wasser soweit wie möglich, denn dort gibt es keine warmen Aufwinde, die ihnen den energiesparenden Segelflug ermöglichen; daher sammeln sie sich in oft großen Scharen an Landengen wie Gibraltar oder am Bosporus in der Türkei.

Alle diese Strategien haben ihre Vor- und Nachteile. Jedoch hat sich jede von ihnen über viele Generationen entwickelt und „passt" zu der betreffenden Art. Die Feinheiten des Vogelzugs beginnen wir erst jetzt besser zu verstehen, denn umfangreiche Datensätze zu Ringfunden und die Methode der Besenderung von Vögeln und deren Ortung (Telemetrie), die vor allem bei größeren Arten wie **Fischadler** und **Weißstorch** eingesetzt wird, stehen noch nicht allzu lang zur Verfügung.

Die Flugrouten für den Frühjahrs- und Herbstzug sind bei weitem nicht immer die gleichen. So ziehen einige Waldsänger Nordamerikas

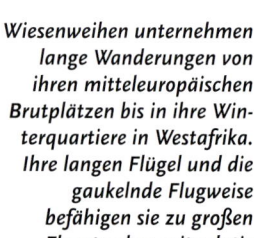

Wiesenweihen unternehmen lange Wanderungen von ihren mitteleuropäischen Brutplätzen bis in ihre Winterquartiere in Westafrika. Ihre langen Flügel und die gaukelnde Flugweise befähigen sie zu großen Flugstrecken mit relativ geringem Energieverbrauch.

im Herbst direkt über das offene Meer, folgen aber beim Heimzug im Frühjahr in kleinen Flugetappen der Küste. Grund dafür ist die Tatsache, dass es im Frühjahr keinen Rückenwind

gibt, der es ihnen erlaubt, den Ozean in zwei bis drei Tagen zu überqueren. Dieser Strategie, die man als Schleifenzug bezeichnet, folgen mehrere europäische Vogelarten, beispielsweise der **Neuntöter**. Im Herbst schlagen diese Vögel eine südöstliche Richtung ein und überqueren den östlichen Mittelmeerraum, um ihre Winterquartiere im mittleren und südlichen Afrika zu erreichen. Im Frühjahr auf dem Heimzug wählen sie eine noch weiter östlich gelegene Route über die Arabische Halbinsel – wahrscheinlich machen meteorologische Faktoren diesen Kurs effektiver. Britische **Uferschwalben** beschreiben einen Schleifen-

Uferschwalben sind Langstreckenzieher. Ihre Winterquartiere liegen in Afrika weit südlich der Sahara.

Löffler sind Kurzstreckenzieher. Die meisten europäischen Brutvögel überwintern im Mittelmeerraum oder in Nordafrika.

Die Zugbewegungen des Kranichs in Europa sind sehr gut bekannt und dokumentiert, denn die großen Vögel ziehen in oft riesigen, auffälligen Scharen und äußern dabei laut trompetende Kontaktrufe. Brutvögel aus Skandinavien überwintern in Frankreich oder Spanien.

zug entgegen dem Uhrzeigersinn, indem sie über die Iberische Halbinsel und Nordwestafrika ziehen, auf dem Heimzug jedoch die Sahara überqueren und über Italien und Mitteleuropa nach England zurückfliegen.

Selbst innerhalb einer Art sind unterschiedliche Zugstrategien der einzelnen Populationen nicht ungewöhnlich. Eines dieser Phänomene erinnert an „Bockspringen": Vögel, die weiter nördlich brüten, „springen" auf dem Zug über Populationen derselben Art, die südlicher gelegene Landstriche bewohnen. So ziehen die in arktischen Breiten nistenden Populationen des **Sandregenpfeifers** alle nach Afrika südlich der Sahara, während die in Südskandinavien brütenden Artgenossen nur bis Südeuropa oder Nordafrika wandern. Britische Brutvögel dagegen sind mehr oder weniger sesshaft; einige der Vögel weichen aber nach Westen in Gebiete mit milderem Winterwetter aus.

Der schwedische Ökologe Thomas Alerstam von der Universität Lund stellt zwei verschiedene Theorien zur Diskussion; sie sollen erklären, warum es auf dem Zug zum Überspringen von Populationen der eigenen Art kommt. Beide haben mit Konkurrenz und Brutzeit zu tun. Nach der ersten Hypothese beenden südliche Vögel ihre Brut in der Regel früher und wandern zu den am nächsten gelegenen, geeigneten Winterquartieren. Nordische Brutvögel sind dagegen mit der Jungenaufzucht später fertig und zu der Zeit, zu der sie südwärts ziehen, sind die geeigneten Überwinterungsplätze bereits von „südlichen" Artgenossen besetzt. Daher müssen die nordischen Brutvögel noch weiter nach Süden ziehen, um in Gebiete zu gelangen, in denen erfolgreiche Überwinterung möglich ist.

Bei der zweiten Hypothese, die plausibler erscheint, geht es um die Wahl des Zeitpunkts für die Brut. Alerstam vermutet, dass es für Vögel der gemäßigten Breiten entscheidend ist, in der Nähe der Brutplätze zu überwintern, denn der Beginn der Brutsaison, der hauptsächlich von den lokalen Witterungsverhältnissen abhängt, kann erheblich schwanken.

Allerdings haben Brutvögel der Arktis aufgrund des kurzen Sommers nur eine kurze Zeitspanne im Jahr zur Verfügung, in der erfolgreiches Brüten möglich ist. Daher müssen sie Jahr für Jahr zur gleichen Zeit an ihren Brutplätzen eintreffen, ganz egal, welche Wetterbedingungen gerade herrschen. Sie verlassen sich auf eine hoch entwickelte innere Uhr, die ihnen den Zeitpunkt der Rückkehr vorgibt. Daher müssen sie den Winter nicht in der Nähe der Brutplätze verbringen.

Sandregenpfeifer haben eine komplexe Zugstrategie: Nordische Populationen ziehen viel weiter nach Süden als andere, die das ganze Jahr über an ihren Brutplätzen bleiben oder in deren Nähe überwintern.

Ungewöhnliches Zugverhalten

Nicht alle Zugbewegungen laufen planmäßig ab. In der Tat wird es für viele Vogelbeobachter besonders interessant, wenn dabei etwas schief läuft.

Dann tauchen plötzlich Zugvögel abseits der artgemäßen Zugrouten in Gebieten auf, wo man sie nicht erwartet – vor allem an den „Brennpunkten" der Küste oder auf Inseln wie Helgoland. Dieses Phänomen wird meist von ungewöhnlichen Wetterereignissen ausgelöst, etwa von Stürmen, die die Vogelschwärme zusammentreiben und an die Küste befördern. Beispielsweise

Im Frühjahr hoffen die Vogelbeobachter auf warme Südwinde, die ihnen über das Ziel hinausgelangte Zugvögel bescheren wie diesen Wiedehopf in Südengland.

TIPP

Wetter und Vogelzug
Man verfolge die Wettervorhersagen und achte dabei auf ungewöhnliche Ereignisse, beispielsweise Herbststürme oder starke Regenfälle. Dieses Wetter beschert dem Beobachter oft Ausnahmegäste wie seltene Singvogelarten oder auch Seevögel, die es ins Binnenland verschlagen hat. Obwohl oft weit von ihrem Kurs abgekommen, können sie meist mit Hilfe ihrer Fähigkeit zur Navigation wieder aufs Meer zurückfinden.

verlassen nordische Zugvögel im Herbst Skandinavien während Hochdruckwetter und Nordwinden, denn dann sind gute Sicht und Rückenwind garantiert. Wenn die Wetterverhältnisse günstig bleiben, überqueren die Zugvögel zügig die Nordsee und setzen ihre Wanderung entlang der Küste Europas nach Afrika fort.

Doch wenn über der Nordsee Tiefdrucksysteme liegen, verlieren die Zugvögel nicht selten die Orientierung und werden von den kräftigen Winden verdriftet. Viele von ihnen sterben dabei auf hoher See an Entkräftung. Andere haben mehr Glück und gelangen vielleicht nach Helgoland, wo sie als Einflüge von den vielen anwesenden Beobachtern begeistert empfangen werden.

Viele **Singvögel** ziehen nachts, daher finden Einflüge oft am frühen Morgen statt. Manche der Einflüge sind ausgesprochen spektakulär und umfassen viele Tausend Vögel unterschiedlicher Arten. Doch wenn man dieses Ereignis erleben möchte, muss man sich beeilen, denn nachdem die Vögel geruht, Nahrung gesucht und sich erholt haben, werden sie durch ihren Zugtrieb zum Weiterflug gedrängt.

Ein anderes Phänomen des Vogelzugs ist im Frühjahr zu beobachten und wird als „Über-das-Ziel-Hinausschießen" (Zugprolongation) bezeichnet. Es betrifft Vogelarten, die alljährlich aus Afrika in ihre Brutgebiete im Mittelmeerraum zurückkehren, wie verschiedene **Reiherarten**, **Alpensegler**, **Rötelschwalbe**, **Blauracke** und **Schwarzstirnwürger**.

Auch bei diesem Phänomen spielt das Wetter die Hauptrolle. Im Idealfall liegt über dem nördlichen Mittelmeerraum ein großes Hochdruckgebiet, dessen nördliche Ausläufer bis Süddeutschland reichen. Wenn die Vögel in der Nähe ihrer Brutgebiete eintreffen, veranlassen sie manchmal die klare Sicht und der leichte Südwind, ihre Wanderung fortzusetzen; dabei gelangen sie bis Mitteleuropa.

Die verschiedenen europäischen Kreuzschnabelarten neigen in bestimmten Jahren zur Massenvermehrung und streifen dann weit umher. Die Brutplätze dieser Vögel können in aufeinander folgenden Jahren weit voneinander entfernt liegen.

Abgesehen von einleuchtenden meteorologischen Gründen besteht die Frage, warum Vögel überhaupt über ihr Brutareal hinauswandern. Eine Erklärung besagt, dass die Vögel generell auf Zugprolongation programmiert sind, denn dadurch kann die Art ihr Brutareal erweitern. So fand 1999 eine Brut des **Stelzenläufers** (der normalerweise im Mittelmeerraum brütet) bei Anklam in Vorpommern statt. Im Frühjahr zog ein Paar dieser Art sogar in Ostengland zwei Junge auf und bewies damit, dass

Seidenschwänze sind häufige Brutvögel im hohen Norden Europas. Sie unternehmen mehr oder weniger weite Wanderungen nach Süden und Westen, wenn das Beerenangebot in ihrer nordischen Heimat zu gering ist.

der „Pioniergeist" zumindest bei manchen Vögeln zum Erfolg führen kann. In der Regel aber sind die meisten dieser Ausnahmegäste „verlorene" Vögel, denn meist kommen sie um. Manchmal können sie jedoch den Grundstock für neue Populationen bilden. In den letzen Jahren haben einige Arten, die über ihr Brutareal hinausgewandert sind, in Deutschland als Brutvögel Fuß fassen können wie **Mittelmeermöwe**, **Schwarzkopfmöwe** und **Seidenreiher**. Der **Silberreiher**, bereits jetzt das ganze Jahr über bei uns anwesend, steht unmittelbar vor diesem Schritt.

Eine andere Form von „Pioniergeist" zeigen Arten, die in manchen Jahren ihr artgemäßes Brut- und Winterareal verlassen und in großen Scharen in weit entfernte Gebiete wandern. Die bekannteste und häufigste dieser „Nomadenarten" ist der **Fichtenkreuzschnabel**. Die Vögel wandern besonders bei geringer Samenbildung der Fichte in großen Scharen ab und tauchen vor allem im Hochsommer in Gebieten auf, in denen die Art eher ungewöhnlich ist. Die Vögel bleiben meist bis zum folgenden Jahr, brüten sehr zeitig in den ersten Wochen des neuen Jahres und setzen danach ihr Nomadenleben fort. Eine andere Art, die zu Massenwanderungen neigt, ist der im Norden Nordeuropas brütende **Seidenschwanz**. In Mitteleuropa erscheint er als Wintergast. In manchen Wintern werden bei uns vielerorts Hunderte oder gar Tausende von Seidenschwänzen gemeldet, in anderen Wintern dagegen ist die Art ausgesprochen selten.

Ein oft übersehenes Phänomen ist die Höhenwanderung, die vorwiegend vertikal verläuft – von höher gelegenen Sommergebieten zu tiefer gelegenen Winterquartieren, in denen das Nahrungsangebot in der kalten Jahreszeit größer ist. Obwohl hierbei

Das Alpenschneehuhn, Brutvogel der Alpen, unternimmt kurze vertikale Wanderungen, um je nach Jahreszeit und lokalen Wetterbedingungen den optimalen Lebensraum nutzen zu können.

kaum größere Entfernungen überwunden werden, sind diese Wanderungen manchmal mit bedeutenden Änderungen der Lebensweise verbunden. So wandern **Grauspechte**, die in buchenreichen Bergwäldern brüten, im Herbst oft in tiefere Lagen, um an flussbegleitenden alten Erlen nach Käferlarven zu suchen. Selbst unser Hochgebirgsspezialist, das **Alpenschneehuhn**, weicht gebietsweise in tiefer gelegene Wintereinstände aus, vor allem wenn hohe Schneelagen die Nahrungssuche stark erschweren. **Bergpieper**, die auf alpinen Rasen oberhalb der Baumgrenze in den Alpen brüten, wandern im Herbst kurze Strecken nordwärts, um an Fluss- und Seeufern des mitteleuropäischen Tieflands zu überwintern.

Drei Seevogelarten zeigen eine weitere ungewöhnliche Form von Wanderung: Sie ziehen nicht in Nord-Süd-Richtung. Die **Buntfuß-Sturmschwalbe** sowie **Großer** und **Dunkler Sturmtaucher** brüten alle auf der Südhalbkugel; nach der Brutzeit ziehen sie über den Äquator nordwärts, um den „Winter" (unseren Sommer) in der nördlichen Hemisphäre zu verbringen. Im Herbst wandern sie wieder zurück an ihre südlichen Brutplätze.

VERBREITUNG & LEBENSRAUM

Lebensraum und Verhalten

Auf den ersten Blick scheint der Lebensraum keinen großen Einfluss auf das Verhalten eines Vogels zu haben. Jedoch gewinnt dieser Aspekt bei genauerer Betrachtung an Bedeutung. Beispielsweise werden **Watvögel**, die auf Wattflächen nach Nahrung suchen, von der zweimal pro Tag auflaufenden Flut und der anschließenden Ebbe in ihrem Verhalten gesteuert. Da sie nur bei Ebbe Nahrung suchen können, bestimmt der Gezeitenwechsel weitgehend den Tagesablauf dieser Vögel. Auch bei **Greifvögeln** werden die Methoden der Nahrungssuche vom Lebensraum beeinflusst und umgekehrt. In Gebieten, in denen **Steinadler** vorwiegend leichte Beutetiere fangen, wie Schneehühner in Westschottland, brüten die Vögel recht hoch an Berghängen. In den Alpen dagegen, wo schwerere Tiere wie Murmeltiere und Gamskitze die Hauptnahrung bilden, müssen die Adler ihren Nistplatz in geringerer Höhe anlegen, um die schweren Beutetiere abwärts gleitend zum Horst transportieren zu können. Der

Steigflug würde zu viel Energie verbrauchen. **Sperber** haben eine kompakte Gestalt mit rundlichen Flügeln und langem Schwanz, damit können sie gut zwischen Bäumen und Ästen manövrieren. **Turmfalke** und **Baumfalke** dagegen, die auf der Beutejagd mehr im freien Luftraum unterwegs sind, haben eine eher stromlinienförmige Gestalt entwickelt.

Auch die Gesänge der Vögel haben sich in Abhängigkeit mit dem Lebensraum entwickelt. Man könnte sogar behaupten, dass die Unterschiede in der Komplexität der Vogelgesänge in Anpassung an die unterschiedlichen Lebensräume entstanden sind. So haben viele Wald bewohnende Arten wie **Nachtigall**, **Amsel** und **Mönchsgrasmücke** laute Gesänge mit Tonsprüngen entwickelt, um das dichte Blattwerk möglichst effektiv zu durchdringen. Da hier viele Oberflächen die Stimmen „verschlucken", bietet ein komplexer Gesang die einzig zuverlässige Methode, dass die Botschaft beim „Empfänger" auch richtig ankommt. Vogelarten, die in Schilf- und Sumpfgebieten leben, haben stimmlich eine ganz

Der laute, abwechslungsreiche Gesang der Nachtigall muss das dichte Blattwerk des Unterholzes durchdringen. Durch die nächtliche Gesangsaktivität vermeidet der Vogel Konkurrenz mit den Gesängen anderer Vogelarten.

andere Strategie entwickelt. Viele Rufe und Gesänge von Sumpfvögeln, zu denen so unterschiedliche Familien wie **Zweigsänger** und **Rallen** gehören, sind monoton, rhythmisch und werden ständig wiederholt. Tatsächlich gleichen diese Vogelstimmen oft eher den Lautäußerungen von im Sumpf lebenden Amphibien als den von anderen

Wasserrallen verfügen über einen bizarren Quiek-Ruf, der für uns wie der Angstruf eines Hausschweins klingt.

Der Preis für die seltsamste Vogelstimme bei uns müsste an den Feldschwirl gehen; dessen monotones, insektenartiges Schwirren erinnert an das Geräusch einer Angelschnur, die gerade abgespult wird.

Singvögeln. Vor vielen Jahren verglich der Tierstimmenforscher John Burton die Gesänge von **Rohrschwirl** und **Feldschwirl** mit den Stimmen von Amphibien und Insekten wie Seefrosch und Warzenbeißer, einer Heuschreckenart. Er schloss daraus, dass sich die Rufe und Gesänge im Einklang mit den akustischen Bedingungen des Lebensraums entwickelt haben. Offensichtlich sind monotone Lautäußerungen in monotonen Lebensräumen besser zu hören und daher effektiver.

Schließlich beeinflusst der Brutlebensraum in hohem Maße Verhalten und Erscheinungsbild des Vogels, besonders wenn es um Geschlechtsdimorphismus geht (Männchen und Weibchen sehen unterschiedlich aus). Beispielsweise legen auch die Weibchen von **Meisen** und vom **Feldsperling** ein auffälliges Gefieder an, da sie in der Nist höhle weniger von Feinden bedroht sind, während Vögel der offenen Landschaft wie **Lerchen** und **Pieper** meist braun und streifig sind, um sich effektiv zu tarnen. Oft von Feinden bedrohte Arten wie **Enten** zeigen ausgeprägten Geschlechtsdimorphismus, wobei die Männchen meist viel farbenprächtiger befiedert sind, um die Aufmerksamkeit von den tarnfarbenen Weibchen auf sich zu lenken. Dagegen können es sich große, wehrhafte Arten wie der **Höckerschwan** „leisten", ein auffälliges Gefieder zur Schau zu tragen.

Areal und Verbreitung

Der bedeutende Ornithologe James Fisher hat einmal gesagt, dass ein Vogel kein Verbreitungsgebiet hat, sondern nur ein gegenwärtiges Areal. Diese Feststellung basiert auf der Beobachtung, dass sich die Verbreitung einer Art innerhalb relativ kurzer Zeit – etwa zwei bis drei Jahrzehnte, also einer Menschengeneration – dramatisch verändern kann. Das betrifft die Arealerweiterung einer Art genauso wie die Arealschrumpfung und damit verbunden das Verschwinden dieser Art aus früheren Teilarealen.

Bereits in den 1960er-Jahren begann eine dramatische Veränderung unserer Brutvogelwelt in punkto Areal und Status. Beispielsweise wurde der Rückgang von Arten der Kulturlandschaft wie **Feldlerche**, **Grauammer** und **Rebhuhn** fast ausschließlich durch Einflüsse von außen, beispielsweise durch moderne Landwirtschaftsmethoden, verursacht und ist daher nicht Gegenstand dieses Buches.

Positive Veränderungen in ihrer Verbreitung haben dagegen einige Greifvogel- und Falkenarten erfahren, beispielsweise **Mäusebussard** und **Baumfalke** in England, da gefährliche Pestizide wie DDT verboten wurden. Jedoch sind andere Arealveränderungen komplizierter, und viele von ihnen sind teilweise oder

Die Feldlerche war früher bei uns weit verbreitet und häufig. Doch aufgrund der modernen Landbewirtschaftung mit Monokultur, Überdüngung und Gifteinsatz sind Bestandsdichte und Areal dieser Art in den letzten Jahren besorgniserregend geschwunden.

In Großbritannien hat der Baumfalke in den letzten Jahrzehnten deutlich zugenommen. Er ist heute in weiten Teilen Südenglands nicht selten zu beobachten.

gänzlich durch das Verhalten von einzelnen Vogelpopulationen verursacht worden.

Interessante Beispiele von plötzlicher Arealerweiterung bieten **Seidenreiher** und **Mittelmeermöwe**, die sich beide in den letzten zehn Jahren weit nach Norden ausgebreitet haben und jetzt vor kurzem erstmals in Deutschland gebrütet haben (Seidenreiher) beziehungsweise bereits als Brutvogel etabliert sind (Mittelmeermöwe in Süddeutschland). Menschlicher Einfluss in Form von Klimaveränderung hat hier sicher eine Rolle gespielt. Jedoch könnten auch andere Faktoren zu diesem Phänomen beigetragen haben – vor allem genetische Mutationen, die einzelne Vögel beider Arten veranlasst haben, „Pionierarbeit" zu leisten.

Ein weiteres Beispiel zu diesem Thema bietet die **Mönchsgrasmücke**, ein in Mitteleuropa und Großbritannien häufiger Zugvogel, der inzwischen in großer Zahl den Winter in England verbringt. Bereits vor zwei oder drei Jahrzehnten beobachtete man in verschiedenen Teilen Englands überwinternde Mönchsgrasmücken und hielt sie anfangs für einheimische Vögel, die sich entschlossen hatten, den Winter „zu Hause" zu verbringen. Durch Beringung fand man indessen heraus, dass es sich bei den Überwinterern tatsächlich um deutsche Brutvögel

Ein Neuankömmling in unserer Brutvogelwelt ist der Seidenreiher, ein kleiner, weißer Reiher des Mittelmeerraums, der bereits in Deutschland gebrütet hat. In England ist er schon weiter auf dem Weg zum regulären Brutvogel.

Vor einigen Jahren begannen unsere Mönchsgrasmücken damit, den Winter in England zu verbringen, denn dort konnten sie dank der meist milden Witterung, des üppigen Beerenvorkommens und der reichlichen Fütterung durch Vogelfreunde gut überleben.

handelte. Anstatt wie üblich in Südwest-Richtung nach Spanien, Portugal oder Nordafrika zu ziehen, schlugen diese Vögel einen Nordwest-Kurs ein und landeten so in England.

Zwei Dinge waren für die Vögel ausschlaggebend: Zum einen die milden Winter, die ein Massensterben durch Verhungern verhinderten; zum anderen passten sich die deutschen Mönchsgrasmücken in ihrem Ernährungsverhalten soweit an, dass sie von Samen und anderem Vogelfutter profitieren konnten, das tierliebe Menschen für sie bereitstellten. Als Folge davon überlebten die „fehlgeleiteten" Vögel und kehrten im folgenden Frühjahr früh nach Deutschland zurück, um hier zu brüten – früher als ihre „richtig gezogenen" Konkurrenten. Seitdem verbringen immer mehr mitteleuropäische Mönchsgrasmücken den Winter in Großbritannien.

Der Klimawandel kommt als weiterer Faktor zu den unzähligen Einflüssen hinzu, der das Verbreitungsmuster und die Häufigkeit unserer Vögel beeinflusst. Die Vogelbeobachter werden sicher in den nächsten Jahrzehnten einige Veränderungen feststellen – manche zum Nutzen, andere zum Schaden der Vögel.

LEBEN UND TOD

Stare tragen im Jugendkleid (links) ein matt braunes Gefieder, im Spätsommer mausern sie in das vertraute Tupfenkleid der Altvögel (rechts).

Das Thema scheint für viele ein Tabu zu sein; bereits der Titel könnte manche Leser abschrecken. In der Tat haben nicht alle der hier behandelten Themen etwas mit sorgfältiger Feldbeobachtung zu tun. Trotzdem gehört alles, was wir hier vorstellen, zum Lebenszyklus eines Vogels und damit zu einem umfassenden Verständnis des Vogelverhaltens im weitesten Sinn. Wir haben versucht, Fachausdrücke zu vermeiden (manche sind jedoch nicht zu umgehen) und, wo möglich, Beispiele anzuführen, wenn eine bestimmte Verhaltensweise beobachtet werden kann.

Gefieder und Mauser

Vögel behalten keineswegs alle ihre Federn ein Leben lang. Bei den meisten Arten durchlaufen sie stattdessen einen jährlichen Zyklus der Mauser, d. h. einen Gefiederwechsel, bei dem im Lauf eines Jahres das gesamte Federkleid oder ein Teil davon durch neue Federn ersetzt wird; mit dem neuen Federkleid steigen die Chancen des Vogels zu überleben.

Vögel mausern aus mehreren Gründen. Wichtigste Funktion ist, die optimale Flugfähigkeit zu gewährleisten. Alte, gebrochene Federn beeinträchtigen das Flugvermögen und führen dazu, dass der Vogel weniger effektiv Nahrung suchen kann oder den Angriffen von Feinden stärker ausgesetzt ist. Daher ist eine gute

Qualität des Gefieders für den Vogel lebensnotwendig. Eine weitere Funktion des Gefieders ist die Kälteisolation; in harten Wintern kann dies über Leben und Tod entscheiden. Schließlich neigen alte, abgetragene Federn dazu, auszubleichen und außer den Farben auch ihren Glanz zu verlieren. Bei vielen Vogelarten spielen aber die Farben und Muster des Gefieders bei der Balz und Partnerwahl eine wichtige Rolle – mit guter Gefiederqualität lässt sich der bestmögliche Partner für die Brut gewinnen.

Doch wann soll die Mauser stattfinden? Bereits eine Teilmauser stellt den Vogel vor Probleme, denn während des Zwischenstadiums (manche Federn alt, andere neu) sind Flugfähigkeit, Wärmehaushalt und Attraktivität für Artgenossen eingeschränkt. Deshalb machen fast alle Vögel eine größere Mauser nach der Brutperiode durch, aber noch vor Herbst und Winter, denn später sind Nahrungssituation und Temperatur zu ungünstig.

Weitere Vorteile lassen eine Mauser im Spätsommer sinnvoll erscheinen, vor allem bei **Singvögeln**. Durch die Aufzucht der Jungen und die damit verbundenen Strapazen altert das Gefieder schnell. Zudem sind die Bäume in dieser Zeit üppig belaubt und bieten einem nicht völlig flugfähigen Vogel sichere Deckung sowie ausreichend Nahrung. Daher ist es nicht verwunderlich, wenn nach Monaten der Gesangsaktivität plötzlich Stille einkehrt und die Vögel im Garten oder nahen Wald scheinbar verschwunden sind. Sie sind dann zwar noch da, aber eben sehr unauffällig.

Dieses Stockenten-Männchen mausert gerade in das Schlichtkleid. Es sieht anders aus als ein Männchen im Prachtkleid. Die Mauser der Stockente findet in den Sommermonaten von Juni bis August statt.

Bei den **Enten** findet dagegen die Mauser vom Hochsommer bis in den Spätsommer hinein statt. Die Erpel vieler Arten legen dann für recht kurze Zeit das Schlichtkleid an, das bis auf wenige männliche Merkmale dem Weibchenkleid ähnelt. Beispielsweise verlieren die **Stockerpel** ihre flaschengrüne, glänzende Kopffärbung und **Reihererpel** wechseln von einem prächtigen Schwarzweiß zu einer eher schlichten Braunfärbung, die stark an die der Weibchen erinnert. Während der Mauserperiode büßen die Enten für kurze Zeit auch ihre Flugfähigkeit ein und sind dann oft recht heimlich. Doch bereits im August erscheinen die Männchen vieler Entenarten wieder in ihrem auffälligen Prachtkleid. Da die Entenvögel während der Mauser verletzlich sind, schließen sich einige Arten in dieser Zeit zu großen Scharen zusammen, beispielsweise die **Brandgänse**.

Andere Vögel können sich den „Luxus" der Flugunfähigkeit nicht leisten, da sie ständig Beutetiere jagen müssen. Diese Vögel mausern daher schrittweise. Greifvögel wie **Bussarde** und andere **Habichtartige** gehören dazu. Sie verlieren und erneuern ihre Schwungfedern fortlaufend in einer festgelegten Reihenfolge, damit sie stets zu Jagdflügen fähig sind. Manche Greifvögel befinden sich daher nahezu permanent im Zustand der Mauser. Junge Singvögel, die im Frühjahr zur Welt kommen, machen ebenfalls eine Periode der Mau-

In seinem gefleckten Jugendkleid sieht das junge Rotkehlchen ganz anders aus als seine Eltern; bereits im Frühherbst mausert es in das Alterskleid.

ser durch – anfänglich vom Dunenkleid in ihr erstes „richtiges" Federkleid, das als Jugendkleid bezeichnet wird;

Jungen Lachmöwen (oben) fehlt die taubengraue Oberseitenfärbung und die schokoladebraune Kapuze der Altvögel (unterer Vogel).

nach ein paar Wochen mausern sie gewöhnlich in das Kleid der Altvögel, das so genannte Alterskleid. So wechseln junge **Rotkehlchen** vom (spärlichen) Dunenkleid in das beige gefleckte Jugendkleid, dann, rund zwei Monate später, mausern sie bereits in das uns allbekannte Alterskleid mit orangeroter Brust.

Für Langstreckenzieher wie die **Dorngrasmücke** ist die Mauserzeit eine lebenswichtige Periode. Ihr Gefieder muss nach der Brutzeit einwandfrei in Ordnung sein, damit es die Strapazen von Tausenden von Flugkilometern übersteht.

Manche Vogelarten durchlaufen jedes Jahr mehr als eine Mauser. Bei **Seetauchern**, **Lappentauchern**, **Möwen** und **Seeschwalben** gibt es außer den „üblichen" zwei unterschiedlichen Kleidern, die als Brut- und Ruhekleid oder, besser, als Pracht- und Schlichtkleid bezeichnet werden, noch weitere Kleider. So unterscheidet man bei den großen Möwenarten „Zwischenkleider", die in den drei oder vier Jahren angelegt werden, bis die Vögel ausgefärbt sind, d.h., das voll ausgeprägte Alterskleid tragen. Diese so genannten „Subadult-Kleider" können unerfahrene Beobachter verwirren, denn deren Unterschiede sind teilweise sehr gering und nicht alle Individuen richten sich exakt nach der in den Feldführern beschriebenen Kleiderfolge.

Gefiederpflege und Baden

Die mit der Gefiederpflege verbundenen Verhaltensweisen – Baden (in Wasser oder Staub) und allgemeine Gefiederpflege – wirken wie die Mauser der Abnutzung des Federkleids entgegen.

Vögel müssen regelmäßig baden, um ihr Gefieder in möglichst gutem Zustand zu erhalten und um sich von Schmutz und Parasiten zu befreien. Sie tun dies auf verschiedene Art und Weise, wobei man das Baden in flachem Wasser am häufigsten beobachten kann. Dazu vollführt der Vogel eine Reihe von festgelegten, fast schon an eine „Choreografie" erinnernden Bewegungen, damit möglichst alle Gefiederpartien so gut wie erdenklich gereinigt werden.

Tatsächlich baden alle Arten von Vögeln, aber nur wenige tun es nicht im Wasser, sondern im Staub. Auf den ersten Blick wirkt das nicht gerade sinnvoll, denn wie soll das Benetzen der Federn mit Staub zu Sauberkeit führen? Offensichtlich dient es dazu, Fett und Öl sowie lästige Parasiten aus dem Gefieder zu entfernen. Vor allem **Haussperlinge** scheinen Staubbäder neben dem Baden in Wasser sehr zu schätzen.

Viele Vögel, besonders kleine **Singvögel**, baden gern in einer flachen Pfütze oder am Rand eines Gewässers; andere wie die **Watvögel** baden in tieferem Wasser. „Richtige" Wasservögel, beispielsweise **Enten**, **Taucher** und **Blässhühner**, baden beim Schwimmen; dabei tauchen sie teilweise unter und drehen sich immer wieder um die eigene Achse, damit das Wasser über alle Körperpartien laufen und das Federkleid gesäubert werden kann.

Vor allem an warmen Tagen im Frühjahr und Sommer setzen die Vögel ein

Baden ist für Vögel lebensnotwendig, um ihr Gefieder sauber und in gutem Zustand zu halten. Dieser Haussperling genießt sichtlich das Wasser in einem Vogelbad.

Bad mit einem Sonnenbad fort, um die Federn zu trocknen und den Körper wieder aufzuwärmen. **Amseln** nehmen besonders häufig ein Sonnenbad. **Kormorane** breiten ihre Flügel nach dem Tauchen aus und lassen die Federn durch Sonne und Wind trocknen; ihr Gefieder ist, anders als das der übrigen Wasservögel, nicht wasserdicht.

Nach dem Bad verbringt der Vogel einige Zeit damit, sein Gefieder wieder zu ordnen. Dazu streicht er die Federn glatt – gewöhnlich mit Hilfe seines Schnabels, an Stellen, die er mit dem Schnabel nicht erreicht, auch durch Kratzbewegungen mit den Füßen. Diese Gefiederpflege ist sehr wichtig, denn so werden die Federn wieder in die vorgesehene Position gebracht und letzte Schmutzpartikel und Parasiten, die das Baden überdauert haben, von den Federn entfernt. Manche Arten, besonders aus der Gruppe der **Wasservögel**, scheiden eine ölige Flüssigkeit aus, die in einer Drüse am Schnabelgrund produziert wird, und machen damit ihr Gefieder wasserdicht.

Kormorane können ihr Gefieder nicht wasserdicht machen, daher halten sie nach dem Tauchgang ihre Flügel ausgebreitet, lassen das Gefieder trocknen und „tanken" Wärme.

Sehen, Hören und Riechen

Der Gesichtssinn spielt bei Vögeln eine entscheidende Rolle für die Nahrungssuche, zur Feindvermeidung und bei der Balz und Partnerwahl. Eine der am höchsten entwickelten Fähigkeiten unserer Vögel ist scharfes Sehen, mit dem sie kleinste Brocken von Nahrung wahrnehmen. Bereits einen Tag alte Hühnerküken sind in der Lage, feine Unterschiede sehr ähnlicher Objekte zu erkennen und geringste Farbnuancen auseinander zu halten.

Besonders das Farbensehen ist bei Vögeln ausgezeichnet entwickelt. Gerade bei der Partnerwahl muss das Weibchen geringe Unterschiede in Färbung und Glanz des männlichen Prachtkleidgefieders wahrnehmen, um die Gesundheit des Bewerbers beurteilen zu können und damit seine Fähigkeit, ihren Jungen ein möglichst guter Vater zu sein.

Wie andere Arten der Familie Eulen sehen auch Schleiereulen ausgezeichnet bei Nacht. Dies befähigt sie, ihre Beutetiere nachts fliegend zu orten und zu ergreifen.

Ein Aspekt, der das Sehen bei den Vögeln beeinflusst, ist die im Vergleich zum Menschen unterschiedliche Stellung der Augen. Bei den meisten Vögeln sind die Augen an den Kopfseiten positioniert; dadurch haben sie beste Rundumsicht, um Nahrung und Feinde gut zu sehen, jedoch ist die Fähigkeit zu räumlichem (binokularem) Sehen stark eingeschränkt. Hier bilden die **Eulen** eine Ausnahme, denn bei ihnen sind beide Augen nach vorn gerichtet; so können sie Beutetiere leichter entdecken, fixieren und ergreifen.

Ein weiteres Merkmal, das Vögel von Menschen unterscheidet, ist die Wahrnehmung von ultraviolettem Licht; dadurch können Vögel Färbungen und Kontraste erkennen, die uns verborgen bleiben. Diese Fähigkeit ist besonders für an Blüten Nahrung suchende Vögel wie **Kolibris** von entscheidender Bedeutung. Ultraviolettes Licht kann auch Zugvögeln den richtigen Weg weisen, besonders wenn die Sonne durch dichte Wolken verdeckt ist.

Auch das Gehör spielt im Leben vieler Vögel eine zentrale Rolle, vor allem bei Beutegreifern wie **Eulen**, die sich bei der Beutejagd nicht selten rein akustisch orientieren – gerade wenn die Beutetiere unter Laub oder Schnee nicht zu sehen sind. Entfernte Rufe und Gesänge wahrzunehmen, ist lebensnotwendig, etwa die Warnrufe wegen eines sich nähernden Feinds oder, für Weibchen, der Gesang eines entfernt singenden Männchens. Vögel haben ein außerordentlich gutes Gehör und können daher ganz bestimmte Rufe selektiv aus einem Stimmengewirr erfassen; das betrifft vor allem in Kolonien brütende Seevögel wie **Sturmvögel**, **Sturmtaucher** und **Möwen**, denn die mit Nahrung zurückkehrenden Altvögel müssen ihre Jungen an der Stimme erkennen.

Schließlich setzt eine Vogelgruppe den Geruchssinn zur Nahrungssuche ein. Seevögel haben ein besonders gut entwickeltes Riechvermögen, um weit entferntes Futter aufzuspüren.

Sturmschwalben sind die kleinsten europäischen Hochseevögel; sie verfügen über einen hoch entwickelten Geruchssinn und können so auf See geeignete Nahrung aus großer Entfernung wahrnehmen.

73

Eine Kolonie von Seevögeln wie dieser Lummenfelsen ist nicht gerade der sauberste Platz, denn die Vögel lassen ihre Exkremente dort fallen, wo sie gerade stehen. Mit der Zeit überziehen die Ausscheidungen der vielen Vögel den gesamten Brutplatz als weiße Schicht.

Ausscheidung

Genau wie andere Lebewesen müssen auch Vögel ihre Abfallprodukte wieder los werden, damit sie sich im Körper nicht ansammeln und gesundheitliche Probleme verursachen. Die Ausscheidungen der Vögel bekommen wir beispielsweise durch die verschmutzten Dächer unserer Autos mit.

Anders als Säugetiere entledigen sich Vögel ihrer Ausscheidungsprodukte (Urin und Kot) durch dieselbe Öffnung, die Kloake, die gleichzeitig auch die Geschlechtsöffnung darstellt. Die Beschaffenheit von Vogelkot kann je nach aufgenommener Nahrung sehr unterschiedlich sein: Kot von Samenfressern ist relativ trocken; Vögel, die Nahrung mit hohem Wassergehalt wie Früchte und Insekten aufnehmen, produzieren flüssigere Ausscheidungen, die wir als unangenehmer empfinden. Tatsächlich kann Vogelkot für uns Menschen sogar gefährlich sein. Die in Scharen auftretenden **Straßentauben** übertragen Lungenkrankheiten wie die Ornithose (entspricht der Psittakose/Papageienkrankheit), die in manchen Fällen zum Tod führt.

Auch aus Drüsen können Vögel für sie giftige Stoffe ausscheiden. Hochseevögel wie **Sturmtaucher** und **Sturmvögel** haben sich an ihren marinen Lebensraum angepasst, indem sie Salz, das sie mit der Nahrung und beim Trinken von Seewasser aufnehmen, über Drüsen wieder ausscheiden – es würde sich sonst im Körper anreichern und mit der Zeit zum Tod des Vogels führen. Diese Vogelgruppe, die so genannten „Röhrennasen", besitzt außer der leistungsfähigen Salzdrüse einen Aufsatz auf dem Schnabel, durch den sie bis zu 90 Prozent des aufgenommenen Salzes ausleiten.

Temperaturregulation

Wie alle „warmblütigen" Tiere einschließlich des Menschen halten auch die Vögel ihre Körpertemperatur mithilfe von inneren Regulationsmechanismen aufrecht; sie sind nicht von der Sonneneinstrahlung abhängig wie die „kaltblütigen" Reptilien und Amphibien. Vögel regulieren ihre Körpertemperatur in Abhängigkeit von wechselnden äußeren Einflüssen durch „Thermoregulation". Trotzdem können sie Probleme mit Überhitzung und Unterkühlung bekommen, was sie durch eine Reihe von Verhaltensstrategien zu verhindern suchen.

Kleine Vögel wie **Singvögel** sind gegenüber plötzlichen Temperaturwechseln besonders empfindlich. Ihre im Vergleich zum Körpervolumen große Oberfläche speichert und verliert Wärme deutlich schneller, als dies bei größeren Vögeln der Fall ist.

An kühlen Frühjahrs- oder Sommermorgen sieht man oft Vögel, besonders **Amseln**, in der Sonne baden und Wärme „tanken". Dabei spreizen sie ihre Flügel und Federn so ab, dass sie möglichst viel von den Sonnenstrahlen einfangen. Später am

Diese Blaumeise schafft gerade einen Kotballen aus der Bruthöhle, um das Nest sauber zu halten. Die Exkremente der Jungvögel sind von einem Häutchen überzogen – wie in Klarsichtfolie verpackt.

Mehlschwalben kuscheln sich oft aneinander, wobei sie weniger Wärme verlieren. Dies machen sie besonders an kalten Tagen im Frühjahr, um nicht an Unterkühlung zu sterben.

TIPP

Temperaturregulation
Vögel können ihr Äußeres in Abhängigkeit von der Umgebungstemperatur sehr stark verändern. Man beachte, dass ein Vogel, der sein Gefieder zum Schutz gegen Kälte aufgeplustert hat, einfach viel größer und kompakter wirkt und daher leicht falsch bestimmt werden kann. Zusätzlich ziehen die Vögel unbefiederte Körperteile wie Beine und Füße ins Gefieder ein.

Tag, wenn die Sonne voll scheint, müssen sie ihre Körpertemperatur absenken oder sie riskieren eine gefährliche Überhitzung. Wenn möglich, baden die Vögel, jedoch können sie wegen fehlender Schweißdrüsen ihre überschüssige Wärme nicht wie wir durch Schwitzen und Verdunsten der Flüssigkeit loswerden. Stattdessen sperren Vögel den Schnabel auf und hecheln, was einen ähnlichen Effekt hat. Natürlich suchen sie auch den Schatten auf, weshalb man an heißen Tagen kaum Kleinvögel zu sehen bekommt.

Kaltes Wetter führt zu einem ganz anderen Problem: dem schnellen Wärmeverlust durch die unbefiederten Körperteile wie Schnabel, Beine und Füße. Um das zu verhindern, rücken viele Vögel bei Kälte nahe zusammen, denn so profitiert jeder Vogel von der Wärme des Nachbarn. Während kurzer Wintertage halten Vögel die Wärme im Körper, indem sie ihr Gefieder stark aufplustern; dadurch sehen sie oft sehr ungewohnt aus und bieten nicht selten Anlass zu Bestimmungsproblemen.

Wasservögel wie **Enten**, **Gänse** und **Schwäne** sind an heißen Sommertagen gut vor Überhitzung geschützt, denn sie können jederzeit ihren Körper unter Wasser tauchen. An sehr kalten Wintertagen stehen sie auf einem Bein auf dem Eis, wodurch der Wärmeverlust über die Füße verringert wird.

Im Winter erscheinen bei uns oft große Schwärme von Drosseln, die vor der Kälte in Nordeuropa flüchten: Wie andere Drosseln hat es auch die Rotdrossel auf die Beeren abgesehen, denn der enthaltene Zucker dient als wichtiger Energiespender.

An warmen Sommerabenden sieht man oft Lachmöwen, die Jagd auf Schwärme von fliegenden Ameisen machen.

Vögel und Wetter

Der bedeutende amerikanische Ornithologe Roger Tory Peterson sagte einmal: „Vögel haben Flügel – sie reisen." Da die meisten Vögel sehr viel Zeit in der Luft verbringen, sind sie sicher mehr durch die Wetterbedingungen beeinflusst als andere Lebewesen. Demnach stehen Vögel in dem Ruf, das Wetter vorhersehen zu können. Nicht selten ändern sie ihr Verhalten als direkte Folge von Wettergeschehen. Durch genaues Beobachten der Vögel konnten unsere Vorfahren nahende Wetterereignisse voraussagen. Leider ist viel von diesem Wissen verloren gegangen – so auch die „Wettersprüche", die nicht selten in Versform erzählt wurden, wie „Kräht der Hahn auf dem Mist ...".

Beispielsweise deuten die wirbelnden Sturzflüge der **Saatkrähen** im Herbst auf baldige Wetteränderung hin – vermutlich zeigen sie dieses Verhalten meist bei stürmischen Winden, die gewöhnlich Vorboten eines nahenden Tiefs sind. Insekten fressende Vögel wie **Schwalben** ändern ebenfalls ihr Verhalten in Abhängigkeit vom herrschenden Wetter: Bei stabilen Hochdruckverhältnissen jagen sie Insekten in größerer Höhe, während sie bei wechselhaften Wetterlagen und Tiefdruck den Insekten folgen und deshalb viel tiefer fliegen. So lässt sich durch das Beob-

> ### *TIPP*
>
> **Vogelverhalten und Wetter**
> *Vögel verhalten sich oft bei extremen Wetterverhältnissen ganz anders als sonst. Dies gilt insbesondere bei langen Dürreperioden, Kälteeinbrüchen oder starken Winden. Man verfolge die Wettervorhersage und achte bei ungewöhnlicher Witterung auf Änderungen des Vogelverhaltens.*

achten des Flugverhaltens der Schwalben das Wetter der nächsten Tage einigermaßen sicher vorhersagen.

Andere Arten, beispielsweise die **Spechte**, bringt man mit Regen in Verbindung: Sie rufen und trommeln besonders viel, bevor sich schlechtes Wetter einstellt. So haben vor allem **Bunt-** und **Grünspecht** in vielen Ländern Europas und Nordamerikas die Bezeichnung „Regenvogel" erhalten. Seit Jahrhunderten gilt auch der **Brachvogel** als Regen- und Wetterprophet.

Vögel sind oft durch Wetterereignisse bedroht, vor allem natürlich durch Winterkälte. Besonders kleine Singvögel wie **Zaunkönig** und **Goldhähnchen** sind betroffen, sie müssen bei jedem Wetter täglich ein Viertel ihres Körpergewichts an Nahrung aufnehmen um zu überleben. Wenn der Boden mit hohem Schnee bedeckt ist oder Äste und Zweige einen Überzug aus Eis tragen, sind sie von ihrer Nahrung buchstäblich abgeschnitten. In dieser Situation ändern viele Arten ihr Verhalten, sodass eigentlich scheue Vögel wie **Spechte** und **Kleiber** plötzlich mutig werden und Futterstellen besuchen, um sich dort zu verköstigen.

Auch während der Brutperiode können sich Wetterereignisse negativ bemerkbar machen. Wenn eine Vogelart wie die **Amsel** bereits zeitig im Frühjahr mit der Brut beginnt, kann ein plötzlicher Wintereinbruch zu Nahrungsengpässen führen. Später im Jahr, wenn Mai und Juni kühl und regnerisch sind, schlüpfen weniger Jungvögel; selbst wenn die Jungen geschlüpft sind, können die Eltern manchmal nicht genug Nahrung für ihre Brut heranschaffen. Das macht sich vor allem bei Insekten fressenden Singvögeln bemerkbar wie **Zweigsängern** oder bei Arten, die im äußeren Bereich ihres Brutareals leben, wie es beim **Steinrötel** am Nordrand der Alpen der Fall ist.

Im Frühjahr und Herbst bewältigen Vögel enorme Zugstrecken, um jeweils die besten Gebiete für die Brutperiode und die Überwinterung aufzusuchen. Während ihrer Wanderungen werden sie mit ganz unterschiedlichen Wetterbedingungen konfrontiert – von hilfreichen Rückenwinden bis zu kräftigen Seitenwinden, Stürmen und sogar Wirbelstürmen. Viele Vögel überleben die Reise nicht. Um erfolgreich zu sein, müssen die Zugvögel sich orientieren können und mit den Wetterverhältnissen zurechtkommen, aber auch viel „Glück" haben.

Die Misteldrossel singt häufig auch bei Wind und Regenwetter, was andere Vögel kaum tun. Warum sie dieses Verhalten zeigt, ist nicht bekannt.

Im Frühjahr kann es in manchen Gebieten, beispielsweise vor Bergpässen oder an der Küste, zu wetterbedingten „Staus" kommen. Grund hierfür ist, dass viele Vögel vor solchen „Zugbarrieren" einfach auf eine Wetterbesserung warten, um das gefährliche Gebiet bei möglichst günstigen Bedingungen überfliegen zu können. So warten Zugvögel aus Skandinavien im Spätsommer und Herbst auf Hochdruckwetter mit Nordwind, das ihnen klare Sicht und Rückenwind für die Überquerung der Nordsee beschert. Manchmal ziehen die Vögel bei ungünstigem Wetter trotzdem über die Nordsee oder sie werden dort von einsetzendem Tiefdruckwetter überrascht. Dann sterben viele von ihnen an Erschöpfung und fallen ins Meer. Andere fliegen weiter durch Sturm und Regen und erscheinen häufig an der Ostküste Großbritanniens. Noch interessanter ist der alljährliche „Einfall" von Singvögeln aus Nordamerika an den Küsten Englands. Diese Vögel wurden über dem Nordatlantik durch starke Westwinde vom Kurs abgebracht und landen dann nicht selten erschöpft im äußersten Südwesten Englands.

In einigen Gegenden Europas wird der Pirol als Regenkünder angesehen. Darauf deuten lokale Namen wie Regenkatte (Regenkatze). Andererseits weiß man in Deutschland, dass es keinen Frost mehr gibt, wenn der Pirol aus seinem Winterquartier erscheint.

Auf lange Sicht bedroht der weltweite Klimawandel das Leben vieler Vögel noch mehr als andere Einflüsse. Bereits jetzt lässt sich beobachten, dass bei uns einige Vogelarten wie **Mittelmeer-** und **Schwarzkopfmöwe** ihr Brutareal aufgrund von Klimaänderungen nach Norden erweitern. In England sind solche Arealveränderungen gut dokumentiert: Dort sind Arten wie **Bartmeise, Baumfalke** und **Ziegenmelker** gerade dabei, ihr Brutareal von Südengland nach Norden auszudehnen, während nördliche Arten wie **Schneeammer, Mornellregenpfeifer** und **Alpenschneehuhn** wegen großräumiger Lebensraumveränderungen schon in naher Zukunft aus Großbritannien verschwinden könnten.

Gleichzeitig rechnet man damit, dass neue Arten in Nordwesteuropa Fuß fassen könnten, indem sie von Süden, möglicherweise auch von Osten her ein-

Wenn die mittleren Temperaturen die nächsten Jahre weiterhin steigen, könnte das Blaukehlchen (hier die nordeuropäische Unterart) in England regelmäßiger Brutvogel werden.

wandern.

Das könnten beispielsweise **Wiedehopf** und **Bienenfresser** sein. Letztere Art hat sich in den vergangenen Jahren bereits in manchen Gegenden Deutschlands als Brutvogel etabliert. Der **Schwarzmilan**, einer der weltweit häufigsten Greifvögel, könnte ebenfalls auf den Britischen Inseln Fuß fassen.

Besonders schwerwiegende Folgen könnte die globale Erwärmung für die Brutvögel der Arktis haben, denn in diese Zone würde sich die Taiga ausbreiten und den Tundrabewohnern wie **Schneeammer**, **Odinshühnchen** und **Spatelraubmöwe** den Lebensraum nehmen. Jedoch sind genaue Vorhersagen nicht möglich; jedenfalls werden die kommenden Jahrzehnte spannend.

Krankheit und Tod

Neben Fressfeinden und Nahrungsmangel gehören Krankheiten zu den drei wichtigsten Todesursachen bei wild lebenden Vögeln. Hiervon besonders betroffen sind Jungvögel, die gerade das Nest verlassen haben und deren Immunsystem noch nicht so leistungsfähig ist wie das der Altvögel, aber auch ältere Vögel, die durch die Strapazen bei der Aufzucht der Jungen nach mehreren aufeinander folgenden Bruten geschwächt sind.

Ein weiteres Problem stellen Epidemien dar, die sowohl Koloniebrüter wie **Seevögel** als auch gesellige Arten wie **Stare** und **Haussperlinge** befallen. Einige Krankheiten wie Salmonellose können sich bei künstlichen Vogelkonzentrationen, beispielsweise an Futterstellen, leicht ausbreiten. Daher sollte man sein Futterhäuschen im Garten unbedingt sauber halten und altes oder verschmutztes Futter rasch entfernen.

Viele Vögel beherbergen einige Parasiten. Dazu zählen Endoparasiten wie Nematoden oder Bandwürmer, die im Körperinneren leben, aber auch Ektoparasiten wie Flöhe, Federlinge und Lausfliegen, die sich meist außen am Vogel im Gefieder ver-

Koloniebrüter wie Basstölpel sind besonders anfällig für epidemische Krankheiten, an deren Folgen manchmal eine große Kolonie in kurzer Zeit zugrunde gehen kann.

bergen. Viele der Schmarotzer leben nur auf einer bestimmten Vogelart, mit der sie sich im Lauf von Jahrtausenden entwickelt haben. Sie werden für den Vogel mehr oder weniger gefährlich und können auch den Tod des Wirts verursachen. Meist scheint sich der Vogel aber mit den Parasiten „arrangiert" zu haben.

Mitunter können Vögel in größerer Anzahl durch Krankheiten zu Tode kommen. In Wellen auftretende Infektionen mit dem Botulismus-Erreger, einem Bakterium, das ein sehr starkes Nervengift produziert, können für **Wasservögel** ganz verschiedener Arten den Tod bedeuten. Glücklicherweise sind derartige Ereignisse recht selten, und auf längere Sicht gleichen die meisten Populationen ihre erlittenen Verluste innerhalb weniger Jahre wieder aus.

Bezüglich der schwierig zu beantwortenden Frage nach dem Lebensalter der verschiedenen Vogelarten kann man allgemein feststellen, dass die Vögel umso älter werden, je größer sie sind. Nach einer einfachen Formel, das erreichbare Alter eines Vogels zu schätzen, lebt eine Art, die 32-mal so schwer ist wie eine andere, etwa doppelt so lang wie jene. So kommen die meisten Singvögel wie **Rotkehlchen** und **Blaumeise** im Durchschnitt auf nur ein oder zwei Jahre und auf eine maximale Lebensdauer von vielleicht sieben bis zehn Jahren. Es gibt Ausnahmen von dieser Regel, die durch Wiederfunde von beringten Vögeln eindeutig belegt sind: Eine **Amsel** und ein **Star** haben nachweislich 20 Jahre gelebt, eine **Rauchschwalbe** immerhin 16 Jahre und eine **Kohlmeise** 15 Jahre.

Große Greifvögel wie **Adler**, die erst mit fünf oder mehr Jahren das Alterskleid anlegen, können 20 oder sogar 30 Jahre alt werden. Überraschenderweise sind die ältesten registrierten Wildvögel jedoch deutlich kleiner: So lebte ein **Austernfischer** noch 36 Jahre nach seiner Beringung und ein **Eissturmvogel** wurde mindestens 50 Jahre alt.

Vögel, die im Durchschnitt länger leben, produzieren eher kleine Gelege. Dafür ist bei ihnen die Periode der elterlichen Fürsorge sehr lang, etwa bei größeren Seevögeln. Hingegen ist die Anzahl der Eier pro Gelege bei den meisten kleinen Singvögeln groß, die Versorgung der Jungen mit Nahrung wird aber schon nach ein paar Wochen eingestellt.

Diese Regeln zur Langlebigkeit gelten nur noch teilweise, wenn die Vögel in Gefangenschaft leben, denn dort sind sie vor Beutegreifern, Epidemien und vielen anderen lebensbegrenzenden Einflüssen sicher und können daher sogar so alt werden wie ein Mensch. Der Rekordhalter ist ein **Gelbhaubenkakadu** aus dem Londoner Zoo, der 1982 mit über 80 Jahren starb.

Watvögel scheinen besonders langlebig zu sein. So soll ein Austernfischer 36 Jahre alt geworden sein, nachdem er als Küken beringt wurde.

2 VERHALTEN DER ARTEN

Dieser Teil des Buches beschäftigt sich mit dem Verhalten der einzelnen Vogelfamilien bzw. -arten. Einiges davon wurde bereits im ersten Teil behandelt,
doch durch das Zusammenfassen verwandter Arten kommen neue Verhaltens-
Aspekte hinzu, beispielsweise die gemischten Meisentrupps im Winter. Der folgende Teil behandelt sowohl typische als auch ungewöhnliche Verhaltensweisen der ungefähr 200 Vogelarten, die man gewöhnlich in Mittel- und
Nordeuropa am ehesten antreffen könnte.

Der zweite Teil des Buches will
• das Auffinden einer Vogelgruppe oder Vogelart erleichtern.
• Hilfestellungen zur Bestimmung geben.
• einen tieferen Einblick in das Verhalten der Vogelarten gewähren.

Gelegentlich wurden ähnliche Familien entgegen der Systematik wegen der
einfacheren Handhabung zueinander gestellt, etwa im Kapitel Seevögel. Hier
stehen nicht näher verwandte Arten wie Sturmtaucher und Alken beisammen,
weil sie den gleichen Lebensraum teilen.

SEETAUCHER UND LAPPENTAUCHER

Die Vertreter dieser beiden Wasservogel-Familien zeichnen sich durch ihre Fähigkeit aus, sowohl sehr gut tauchen als auch schwimmen zu können. Im Gegensatz zu den Entenvögeln (Enten, Gänse, Schwäne) sind bei ihnen nicht alle Zehen mit Schwimmhäuten verbunden **(Seetaucher)** oder sie besitzen nur Schwimmlappen **(Lappentaucher)**. Die Beine sind so weit hinten am Körper eingelenkt, dass die Arten zwar hervorragend an das Leben im Wasser angepasst sind, ihre Beine an Land aber kaum zu gebrauchen sind.

Von den Seetauchern brüten **Prachttaucher** und **Sterntaucher** in Skandinavien und Großbritannien, in Mitteleuropa sind sie nur Wintergäste – ebenso wie der in Nordamerika und Island brütende **Eistaucher**. Dann halten sich diese großen Taucher meist an der Küste auf, aber auch auf den großen Binnen- und Stauseen. Man erkennt sie an ihrer charakteristischen Haltung: Sie liegen tief im Wasser und oft schauen nur Kopf, Hals und oberer Rücken heraus. Wie ihr Name vermuten lässt, sind sie sehr gute Taucher, die lange Zeit unter Wasser bleiben können. Sie bewegen sich dort sehr schnell und erscheinen oft erst in beträchtlicher Entfernung von ihrer Eintauchstelle wieder an der Oberfläche. Zudem können die Seetaucher gut fliegen, meist knapp über den Wellen. Während der Brutzeit machen sie durch ihre lauten Rufe auf sich aufmerksam. Ihre Nester legen sie nahe am Wasser an.

Man beachte bitte, dass brütende Seetaucher leicht zu stören sind und gehe deshalb nicht zu nahe an sie heran.

Sterntaucher brüten auf kleinen Wasserflächen der Tundra- und Taigazone. Den Winter verbringen sie meist auf dem Meer. Der Vogel rechts trägt das Prachtkleid, der linke Vogel ist im Schlichtkleid.

Der Zwergtaucher ist der kleinste der Lappentaucher und wird leicht übersehen. Am besten entdeckt man ihn anhand seiner hoch bibbernden Triller, besonders im Brutrevier.

Lappentaucher sind hauptsächlich Vögel des Süßwassers, vor allem während der Brutzeit. **Haubentaucher** und **Zwergtaucher** kann man ganzjährig in Mitteleuropa antreffen. Sie sind relativ häufig – im Gegensatz zu **Schwarzhals-** und **Rothalstaucher**, die nur lokal in Mitteleuropa brüten. Die fünfte Art, der **Ohrentaucher**, besucht uns nur im Winterhalbjahr. Alle Lappentaucher schmücken sich zur Brutzeit mit einem herrlichen Prachtkleid und führen beeindruckende Balzzeremonien auf. Dabei richten sie sich voreinander fast senkrecht auf oder verfolgen einander; gelegentlich bieten sich die Paarpartner Nistmaterial als „Liebesgabe" an. Außerhalb der Brutzeit kann man alle Lappentaucher bis auf den Zwergtaucher auf dem Meer antreffen, meist nahe der Küste. Alle fünf Arten suchen das ganze Jahr über tauchend ihre Nahrung. Bevor ein brütender Haubentaucher sein Nest verlässt, deckt er das Gelege mit Wasserpflanzen zu, um Feinde nicht darauf aufmerksam zu machen. Durch den anhaftenden Schlamm nehmen die ursprünglich hellen Eier allmählich eine grünliche Farbe an. Nach dem Schlüpfen werden die Jungen häufig im Rückengefieder der Altvögel transportiert – immer wieder ein netter Anblick.

SEEVÖGEL

(Sturmtaucher, Sturmschwalben, Tölpel, Kormorane, Raubmöwen, Alken)

Diese bunte Mischung an Vogelfamilien hat eines gemeinsam: Alle Arten leben meist an Meeresküsten oder auf dem Meer.

Sturmtaucher und **Sturmschwalben**, die zu den Röhrennasen gehören, verbringen fast ihr ganzes Leben auf See. An Land kommen sie nur zum Brüten. Einziger mitteleuropäischer Brutvogel ist der **Eissturmvogel** (auf Helgoland). Nur im Herbst und Winter kann man an der Nordseeküste vereinzelt **Schwarzschnabel-**, **Großen** und **Dunklen Sturmtaucher** sowie **Wellenläufer** oder **Sturmschwalbe** antreffen. Während **Gelbschnabel-**, **Mittelmeer-** und **Balearensturmtaucher** im Mittelmeergebiet brüten, sind Schwarzschnabel-Sturmtaucher sowie Wellenläufer und Sturmschwalben Brutvögel Nordwesteuropas. Die drei letztgenannten Arten besuchen nur nachts ihre Brutkolonien, um den Angriffen von Beutegreifern wie Möwen zu entgehen. Schwarzschnabel-Sturmtaucher gleiten auf steif gehaltenen Flügeln niedrig über dem Wasser. Sie lassen sich sowohl von der Küste als auch vom Boot aus beobachten, vor allem wenn sie sich abends sammeln, um die Brutkolonie anzufliegen. Wellenläufer und Sturmschwalben sind eher Hochseevögel. Man bekommt sie an Land nur zu Gesicht, wenn sie durch Herbststürme Richtung Küste geweht werden. Die zierliche Sturmschwalbe fliegt fledermausähnlich flat-

Wellenläufer halten sich nur selten in Küstennähe auf, sie erscheinen aber alljährlich, besonders nach Herbststürmen, im Oktober und November an der Nordseeküste, wo sie manchmal vom Land aus zu beobachten sind. Ihr leichter, an Nachtschwalben erinnernder Flug unterscheidet sie von den mehr flatternd fliegenden Sturmschwalben.

Vom Schwarzschnabel-Sturmtaucher brüten 90 Prozent des Weltbestands in Großbritannien und Irland – über 250 000 Paare. Zur Nahrungssuche fliegen sie aufs Meer. Ihre Brutkolonien suchen sie erst abends im Schutz der Dunkelheit auf, um Beutegreifern zu entgehen.

Basstölpel sind die größten Seevögel Europas. Sie brüten in oft riesigen Kolonien mit hohem Lärmpegel. Häufig zanken sich die Nestnachbarn.

TIPP

Hochseetouren
An markanten Beobachtungspunkten an der Küste lassen sich Seevögel oft gut betrachten (engl. seawatching). Um sie in ihrer natürlichen Umgebung zu sehen, muss man auf die Hochsee: Bei einer Bootstour auf dem offenen Meer entdeckt man nicht selten Sturmtaucher oder Sturmschwalben.

---

ternd knapp über der Wasseroberfläche. Der Flug des Wellenläufers kann dagegen mit dem eines Ziegenmelkers verglichen werden. Der Eissturmvogel erinnert an eine Möwe. Erst aus der Nähe erkennt man die charakteristische Röhrennase, die ihn als echten Hochseevogel kennzeichnet. Es ist eine Freude, diese Vögel bei ihren akrobatischen Flugkünsten zu beobachten.

Der **Basstölpel** ist der größte und eindrucksvollste Seevogel Europas. Er ist hervorragend an das Stoßtauchen angepasst, wobei er aus großer Höhe in das Wasser stürzt, um Fische zu fangen. In den Brutkolonien kann man Zeuge auffälliger Verhaltensweisen werden, wenn die Vögel ihre winzigen Nestterritorien durch Verbeugen markieren oder verteidigen.

Kormoran und **Krähenscharbe** sind ursprünglich Küstenvögel. Während dies auf die Krähenscharbe immer noch zutrifft, ist der Kormoran heutzutage fast schon ein alltäglicher Anblick im Binnenland – vor allem an Flüssen und großen Seen. Beide Arten erbeuten ihre Fischnahrung tauchend. Da ihr Gefieder nicht wasserdicht ist, müssen sie es in charakteristischer Pose trocknen. Ebenfalls gemeinsam ist beiden Arten das Brüten in Kolonien – Krähenscharben auf Felsklippen mit anderen Seevögeln, Kormorane auf unterschiedlichen Plätzen wie Felsklippen, Bäumen, am Boden oder im Schilf.

Raubmöwen stehen den Möwen und Seeschwalben nahe, leben aber vorwiegend auf dem Meer. **Schmarotzerraubmöwe** und **Skua** ernähren sich meist von Fischen, die sie anderen Seevögeln abjagen – ein Verhalten, das Kleptoparasitismus heißt. Dazu bedrängen sie in Seevogelkolonien kleinere Vögel wie Dreizehenmöwen so lang, bis diese ihre Beute fallen lassen. Einem Nest der Schmarotzerraubmöwe darf man nicht zu nahe kommen, sonst lernt man ein weiteres typisches „unliebsames" Verhalten kennen: Die Vögel greifen Nestfeinde im rasanten Sturzflug beherzt an. Außerhalb der Brutzeit halten sich Raubmöwen meist auf der Hochsee auf.

Die **Alken** sind das nördliche Pendant zu den Pinguinen der Südhalbkugel, können allerdings noch fliegen. Sowohl in der Luft als auch an Land wirken sie ziemlich unbeholfen. Ihr wahres Element ist das Wasser. Dort tauchen sie bei der Beutejagd bis in große Tiefen. Von den sechs in Europa lebenden Arten (**Trottel-**, **Dickschnabellumme**, **Tordalk**, **Gryllteiste**, **Krabbentaucher** und **Papageitaucher**) brüten in Mitteleuropa nur Trottellumme und Tordalk (auf Helgoland). Im Winter kann man Alken mit Glück an der deutschen Nord- oder Ostseeküste sehen. Trottellummen und Tordalke brüten auf steilen Felsklippen am Meer. Sie legen ihr einziges Ei auf einem Felsband ab, während Papageitaucher dafür eine Höhle graben. Gryllteisten brüten in Höhlungen zwischen Felsblöcken. Außerhalb der Brutzeit leben alle Alken auf der Hochsee. Gelegentlich werden sie von Stürmen Richtung Küste oder sogar bis ins Binnenland getrieben.

Die Schmarotzerraubmöwe ist ein furchtloser Beutegreifer. Häufig jagt sie anderen Vögeln das Futter ab, indem sie ihre Opfer so lang in der Luft bedrängen, bis sie ihre Nahrung hochwürgen oder fallen lassen.

Mit ihrem bunten Schnabel und dem adretten Aussehen sind Papageitaucher zweifellos die beliebtesten Seevögel. Im Winter verlassen sie ihre Brutkolonien und ziehen aufs offene Meer.

REIHER

Die langbeinigen Wasservögel leben vor allem in wärmeren Gebieten der Erde. Von den in Mitteleuropa brütenden Arten ist der Graureiher am häufigsten. Die Bestände der Rohrdommel haben bei uns in den letzten Jahren dramatisch abgenommen, während vom Seidenreiher vor kurzem in Deutschland und Österreich die ersten Bruten gemeldet wurden.

Der **Graureiher** ist eine vertraute Erscheinung an den Ufern von Seen oder Flüssen, aber auch auf feuchten Wiesen oder Äckern. Bei der Nahrungssuche steht er regungslos oder pirscht mit langsamen Schritten. Graureiher nisten in großen Kolonien. Sie beginnen mit der Balz und Brut relativ früh im Jahr.

Der größte Reiher Europas, der Graureiher, ist bei uns ein vertrauter Anblick. Bei der Jagd steht er oft lange unbeweglich und wartet auf ein Beutetier. Dann stößt er blitzschnell mit seinem dolchförmigen Schnabel zu.

Die **Rohrdommel** ist sehr schwer zu beobachten. Sie bewohnt ausgedehnte Schilfgebiete, wo sie sich nur gelegentlich am Schilfrand zeigt. Bei Gefahr nimmt sie die so genannte Pfahlstellung ein, d. h., sie „erstarrt" mit senkrecht nach oben weisendem Kopf und Schnabel; manchmal schwankt die Rohrdommel dabei noch im Rhythmus des Windes im Einklang mit den Schilfhalmen.

Die Brutbestände des **Seidenreihers** haben sich in Europa vielerorts wieder erholt. Wie die meisten Reiherarten brütet auch er kolonieweise auf Bäumen. Sein interessantes Jagdverhalten kann man sowohl an flachen Meeresküsten als auch an seichten Gewässern im Binnenland beobachten.

Durch ihr heimliches Verhalten und das gelblich braune Tarngefieder lässt sich die Rohrdommel im Schilf kaum erkennen. Gelegentlich fliegt sie knapp über dem Schilf – ein wahrer Glücksfall für die Beobachtung.

Enten, Gänse und Schwäne

Enten, Gänse und Schwäne bilden eine relativ unterschiedliche Vogelgruppe, sie gehören zu den bekanntesten Wasservögeln. Zwischen einigen Arten und dem Menschen besteht eine enge Verbindung – sie werden als Haustiere gehalten und sind als Jagdwild hochgeschätzt. Verständlicherweise haben viele Arten große Vorsicht gegenüber uns Menschen entwickelt.

Enten

Zwölf Entenarten brüten in Deutschland, weitere acht Arten kommen als Wintergäste hinzu. Nach ihrem Verhalten kann man Enten unterschiedlichen Gruppen zuordnen.

Die erste Gruppe bilden die **Gründelenten**. Gründeln bei der Nahrungssuche bedeutet, dass die Enten wie in dem bekannten Kinderlied den Kopf ins Wasser tauchen und den Schwanz in die Höh' recken. Zu den Gründelenten gehören bekannte Arten wie **Stock-**, **Schnatter-** und **Löffelente**, unsere kleinsten Arten **Krick-** und **Knäkente** sowie **Pfeifente** und **Spießente**. Bei jeder Art variiert die Nahrungsaufnahme etwas. So durchseihen die Löffelenten mit ihrem verbreiterten Schnabel das Wasser und filtern Kleinstlebewesen heraus, während die

Die Krickente ist unsere kleinste Ente. Mit ihrem hübschen Gefieder ist sie eine attraktive Erscheinung und das ersehnte Beobachtungsziel vieler Hobby-Ornithologen. Die scheuen, vorsichtigen Vögel fliegen sofort auf, wenn sie sich gestört fühlen.

Stockenten zählen zu den Gründelenten. Ihre Nahrung umfasst eine Vielzahl an wasser- und landlebenden Kleintieren, aber auch Wasserpflanzen, deren Samen sowie grüne Pflanzenteile. An den Entenfütterungen nehmen sie gern Brot.

Pfeifente häufig an Land Gras rupft. Schnatterenten begleiten oft Blässhühner und stibitzen nicht selten Wasserpflanzen, die von den schwarzen Rallen bei ihren Tauchgängen zur Oberfläche gebracht wurden. Spießenten, Krick- und Knäkenten sind sehr scheu und fliegen auf, wenn sie von weitem einen Menschen entdecken. Im Gegensatz dazu erlauben Stockenten oft die Annäherung. Sie sind es meist auch, die uns als Kinder die ersten Einblicke in Vogelverhalten erlauben – beim Entenfüttern.

Zu den **Tauchenten** zählen **Reiher-**, **Tafel-** oder **Bergente**. Die ersten beiden Arten sind bei uns meist häufig. Während die Reiherente an größeren, tieferen Seen brütet, bevorzugt die Tafelente dafür dicht bewachsene Gewässer. Außerhalb der Brutzeit versammeln sich beide Arten oft in größerer Zahl auf eisfreien Binnenseen oder an der Küste. Zur Nahrungssuche tauchen sie recht tief. Die **Bergente**, Brutvogel Nordeuropas, ist bei uns regelmäßiger Wintergast an der Küste und auf großen Binnenseen.

Eine dritte Gruppe wird als **Meeresenten** bezeichnet. Zu ihnen gehören **Trauer-** und **Samtente**, **Schellente**, **Eider-** und **Eisente**. Wie der Name vermuten lässt, halten sich diese Arten bevorzugt auf dem küstennahen Meer auf. Dort bilden sie oft große Trupps, manchmal aus mehreren Arten, die ständig nach Nahrung tauchen. Die Schellente dehnt momentan ihre Brutverbreitung nach Süden und Westen aus. Seit 1978 ist sie Brutvogel Bayerns. Bei der Balz werfen Schell- und

Die Reiherente ist unsere kleinste, aber häufigste Tauchente. Die schwarzweißen Männchen (rechts) ziert ein kleiner Schopf am Hinterkopf, die Weibchen sind viel unauffälliger. Bei der Nahrungssuche können sie mehrere Meter tief tauchen. Sie ernähren sich vor allem von Wassertieren wie kleinen Muscheln.

Die Eiderente ist die häufigste Meeresente an unseren Küsten. Sie ernährt sich vor allem von Muscheln und Krebstieren, die sie bis 20 Meter tief tauchend erbeutet. Die Weibchen (hinten) polstern ihre Nester mit Dunen, die sie sich ausrupfen.

Eiderentenerpel ihren Kopf in den Nacken und äußern einen auffälligen Pfiff.

Unter dem Namen **Säger** werden drei Arten zusammengefasst: **Gänsesäger**, **Mittelsäger** und **Zwergsäger**. Wie die Meeresenten tauchen sie nach ihrer Nahrung. Ihren Namen haben sie von den sägeähnlichen Schnabelrändern, mit denen sie glitschige Beute gut festhalten können. Gänse- und Mittelsäger brüten bei uns vor allem im Norden, der Gänsesäger auch im Alpenvorland. Der Zwergsäger ist Wintergast an der Küste, Einzelvögel kommen bis an die großen Seen im Alpenvorland.

In keine dieser genannten Kategorien passen **Mandarinente**, **Brautente** und **Brandgans**. Die beiden erstgenannten Arten wurden bewusst ausgesetzt oder sind Gefangenschaftsflüchtlinge. Sie brüten wie die Schellente in Baumhöhlen. Während die Mandarinente bei uns bereits gebietsweise in freifliegenden Beständen vorkommt, hat sich die Brautente in Mitteleuropa noch nicht in Freiheit etabliert.

Brandgänse sind keine „richtigen" Enten, sondern nehmen als so genannte Halbgänse eine Mittelstellung zwischen Enten und Gänsen ein. Sie leben meist an der flachen Küste mit Schlamm- oder Schlickflächen. Zur Mauserzeit versammeln sie sich zu vielen Tausenden an traditionellen Plätzen. Ebenfalls zu den Halbgänsen gehören die eingeführten Arten **Nil-** und **Rostgans**.

Mittelsäger zeigen eine beeindruckende Gruppenbalz. Dabei halten die Männchen häufig ihren Körper merkwürdig gewinkelt und äußern niesende und wie Schluckauf klingende Laute.

Die Mandarinente stammt aus Ostasien. Sie wurde Ende des 19. Jahrhunderts in England ausgesetzt. Inzwischen brütet die Art lokal auch in Mitteleuropa. Die Jungen kommen in einer Baumhöhle zur Welt, aus der sie nach dem Schlupf zu Boden springen.

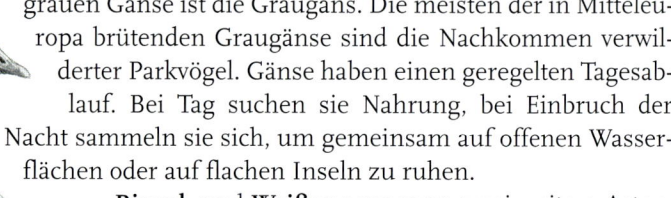

Gänse

Wildgänse gehören zu den beliebtesten Vögeln, vor allem wenn sie im Trupp über uns hinwegziehen. Bei der aus Nordamerika eingeführten Kanadagans gehen die Meinungen auseinander, denn gebietsweise hat sich die Art an Seen stark vermehrt und sorgt für Unmut bei Badegästen, die sich durch deren Kot gestört fühlen.

Von den sieben Gänsearten, die man bei uns an der Küste beobachten kann, gehören vier Arten zu den so genannten grauen Gänsen. Hierzu zählen **Graugans**, **Saatgans**, **Kurzschnabelgans** und **Blässgans**. Alle vier Arten erscheinen im Herbst von Norden und Osten kommend in unterschiedlichen Anzahlen im Küstenbereich, wo viele Trupps den Winter verbringen. Sie gehen in großen, oft lautstarken Verbänden an der Küste oder auf küstennahem Grünland der Nahrungssuche nach. Die häufigste der grauen Gänse ist die Graugans. Die meisten der in Mitteleuropa brütenden Graugänse sind die Nachkommen verwilderter Parkvögel. Gänse haben einen geregelten Tagesablauf. Bei Tag suchen sie Nahrung, bei Einbruch der Nacht sammeln sie sich, um gemeinsam auf offenen Wasserflächen oder auf flachen Inseln zu ruhen.

Ringel- und **Weißwangengans**, zwei weitere Arten, sind auffälliger gefärbt. Letztere ähneln im Verhalten den grauen Gänsen. Seit gut zehn Jahren brütet die Art erfolgreich in Schleswig-Holstein. Von der Ringelgans überwintert bei uns an der Nordsee die dunkelbäuchige Unterart. Die Gänse weiden bevorzugt das Seegras im Flachwasser ab.

Zwei weitere Arten sind in Europa eingeführt: **Kanadagans** und **Streifengans**. Letztere, eine graue Gans aus Mittelasien, hat in Deutschland bereits im Freiland gebrütet. Die Kanadagans wurde in Großbritannien schon im 17. Jahrhundert eingeführt, in Mitteleuropa konnte sie Mitte des letzten Jahrhun-

derts Fuß fassen. Die Art hat sich lokal stark ausgebreitet und ist auf vielen Gewässern der dominierende Wasservogel.

Schwäne

Drei Arten von Schwänen lassen sich in Mitteleuropa beobachten. Während der Höckerschwan häufiger Brutvogel ist, erscheinen Sing- und Zwergschwan nur im Winterhalbjahr bei uns, besonders an der Nord- und Ostseeküste. Seit einigen Jahren brütet der Singschwan in wenigen Paaren in Brandenburg.

Höckerschwäne sind die größten und schwersten Wasservögel. Obwohl sie uns an Fütterungen relativ nah an sich heran lassen, sind sie doch recht gefährlich, vor allem für Kinder. Höckerschwäne brüten jedes Jahr möglichst an der gleichen Stelle, wo sie ein riesiges Nest aus Zweigen und Schilf aufhäufen. Wenn die Konkurrenz gering ist, verteidigen die Männchen sehr große Brutreviere, um die Jungen mit Nahrung versorgen zu können. Bei hoher Dichte ist der Bruterfolg entsprechend schlecht.

Sing- und **Zwergschwäne** treffen jeden Herbst in großen Trupps bei uns ein – die Zwergschwäne aus der nordrussischen Tundra, die Singschwäne von Skandinavien und Island. Singschwäne trifft man dann auch an großen Gewässern in der Norddeutschen Tiefebene an, gelegentlich verschlägt es einige bis ins Alpenvorland. Bei beiden Arten bleiben die Familien in den Wintertrupps zusammen. Die beste Zeit zur Beobachtung ist die Dämmerung, denn dann sammeln sich die Schwäne in großer Zahl zum Ruhen.

Höckerschwäne verpaaren sich lebenslang. Sie bleiben häufig das ganze Jahr über in Brutplatznähe. Im Winter sammeln sie sich oft in großen Scharen an Fütterungen. Die meisten der bei uns lebenden Schwäne sind die Nachkommen ausgesetzter oder aus Gefangenschaft entkommener Vögel.

GREIFVÖGEL UND FALKEN

Zu diesen beiden Gruppen von am Tag jagenden Vögeln gehören so bekannte und faszinierende Formen wie **Adler**, **Habichte** und **Falken**. In Mitteleuropa brüten 13 Greifvogelarten und fünf Falkenarten mehr oder weniger häufig und regelmäßig. Einige haben ein so eng begrenztes Verbreitungsgebiet, dass ihre Beobachtung nicht einfach ist.

Der majestätische Seeadler war durch direkte Verfolgung, Zerstörung seiner Brutlebensräume und Umweltgifte in Mitteleuropa sehr selten geworden. Heute haben sich die Bestände zwar erholt, die Art gilt aber immer noch als gefährdet. Die mächtigen Greifvögel nisten in oft riesigen Horsten auf alten Buchen.

Beginnen wir mit unseren größten Greifvögeln. Der **Steinadler** ist bei uns ein Vogel der Hochgebirge. Er beansprucht riesige Reviere mit spärlicher Vegetation für die Jagd auf kleinere bis mittelgroße Beutetiere und mit unzugänglichen Nischen oder Felsbändern, auf denen die Horste errichtet werden. Steinadler sind nicht leicht zu beobachten. Auf ihren langen, elegant geschwungenen Flügeln segeln sie über die Bergkämme. Wie alle großen Segelflieger nutzen sie aufsteigende warme Luftströmungen (Thermik), um sich in die Höhe zu schrauben.

Der Fischadler ist in Mitteleuropa Sommervogel, den Winter verbringt er in tropischen Regionen Afrikas. In Nordostdeutschland brüten viele Fischadler in Horsten auf Strommasten.

Auch wenn er als der Adler schlechthin gilt, ist der **Seeadler** kein „echter" Adler, sondern näher mit den Milanen verwandt. Von seinem Tiefststand in den 1960er-Jahren, bedingt durch direkte Verfolgung, Lebensraumvernichtung und Vergiftung mit Pestiziden, hat sich der Seeadler-Bestand in Mitteleuropa wieder erfreulich erholt. Der riesige Greifvogel brütet im nordöstlichen

Mitteleuropa auf hohen alten Bäumen in der Nähe von Gewässern. Dort macht er Jagd auf Wasservögel und Fische, erbeutet aber auch Säugetiere bis zur Größe eines Rehs.

Ebenfalls Jagd auf Fische macht der **Fischadler**. Um sie zu erbeuten, rüttelt er über der Wasserfläche, steigt in Stufen abwärts und stürzt sich dann mit hoher Geschwindigkeit ins Wasser. Kurz vor dem Eintauchen streckt er seine Fänge weit vor und ergreift den angepeilten Fisch. Dabei kann es passieren, dass er von einem schweren Beutetier weit ins Wasser hineingezogen wird. An seinen kräftigen Zehen sitzen dornartige Schuppen zum Festhalten der glitschigen Beute.

Zur großen Gruppe der **Bussarde** gehört einer unserer häufigsten Greifvögel, der **Mäusebussard**. Als Lauerjäger bezieht er oft Posten auf niedrigen Sitzwarten in der offenen Agrarlandschaft oder entlang von Straßen, wo er auf Kleinsäuger Jagd macht. An schönen Tagen kreisen Mäusebussarde auch hoch über Wäldern. Ihr Flugbild ähnelt mit den breiten, langen, an den Enden aufgebogenen Flügeln dem eines kleinen Adlers. Trotz seines Namens ist der seltene **Wespenbussard** kein „echter" Bussard. Der Name verrät bereits, dass sich diese scheuen Greifvögel hauptsächlich von Bienen- und Wespenlarven ernähren. Sie sind Zugvögel, die erst im April in ihre mitteleuropäischen Brutgebiete zurückkehren. Dann kann man sie in Horstnähe bei der Flugbalz beobachten. Vom Mäusebussard unterscheiden sie sich im Flug durch die flach gehaltenen, schmaleren Flügel und durch den taubenartig vorgestreckten Kopf.

Wespenbussarde zeigen eine sehr variable Gefiederfärbung; am einfachsten lassen sie sich an der Flugsilhouette bestimmen. Die scheuen Vögel kann man mitunter auf dem Zug oder während des Balzflugs über dem Horstbereich beobachten.

Rotmilane erkennt man im Flug meist an ihrem langen, tief gegabelten Schwanz. Bei Flugmanövern drehen und wenden sie ihn in auffälliger Weise.

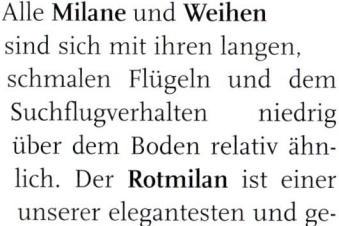

Alle **Milane** und **Weihen** sind sich mit ihren langen, schmalen Flügeln und dem Suchflugverhalten niedrig über dem Boden relativ ähnlich. Der **Rotmilan** ist einer unserer elegantesten und geschicktesten Greifvögel. Oft nimmt er Fressbares vom Boden auf, ohne zu landen. Wie Bussarde rütteln Milane manchmal, wenn sie nach Beute spähen. **Rohrweihen** brüten in ausgedehnten Schilfgebieten und anderen feuchten Standorten. Wie alle Wei-hen jagen sie auf v-förmig gehaltenen Flügeln niedrig über dem Boden. Die **Kornweihe** ist ursprünglich ein Brutvogel der Moore und Heiden des Tieflands; heutzutage brütet sie lokal sogar in Nadelbaumanpflanzungen oder Getreidefeldern. Sie ist die einzi-ge Weihe, die bei uns auch im Winter zu sehen ist. Die **Wiesen-weihe** unterscheidet sich im Flug von der Kornweihe durch die schlankere Gestalt. Sie brütet nur lokal in Mitteleuropa, vor allem im Norddeutschen Tiefland – in offener Landschaft wie Mooren oder Verlandungszonen; in jüngster Zeit hat sie gebietsweise bemerkenswerte Bruterfolge auf Agrarflächen.

Habicht und **Sperber** sind Vögel des Waldes, den Sperber trifft man aber auch in der Kulturlandschaft mit Waldinseln, im Win-ter nicht selten innerhalb von Ortschaften. Mitte des letzten Jahr-hunderts waren die Bestände des bis dahin häufigen Sperbers stark gesunken. Gründe dafür waren Gifte in der Landwirtschaft, die zu dünnschaligen und daher zerbrechlichen Eiern führten. Der Sperber ist ein Kleinvogeljäger, der seine Beutetiere aus dem niedrigen Suchflug heraus überrascht. Mit seinen kurzen, breiten Flügeln und dem langen Schwanz vermag er sehr gut zwischen Bäumen zu manövrieren. Im charakteristischen Stre-ckenflug wechselt der kleine Greifvogel zwischen kurzen Gleitphasen und Phasen mit kräftigen Flügel-schlägen ab. War

Die Wiesenweihe (im Bild ein Männchen) ist ein unsteter und seltener Brut-vogel in Mitteleuropa. Ihre Überwinterungsgebiete liegen in Afrika von südlich der Sahara bis nach Süd-afrika. Bereits Ende August verlassen sie ihre Brutgebiete.

der Sperber erfolgreich und wird er nicht gestört, rupft er sein Beutetier an Ort und Stelle und verzehrt es. Die viel selteneren und scheueren **Habichte** lassen sich nicht so leicht beobachten wie Sperber – trotz ihrer Größe. Am besten gelingt dies im Spätwinter oder frühen Frühjahr, wenn die Paare über den Baumwipfeln kreisen und ihre Flugbalz zeigen.

Fünf Arten der **Falken** brüten in Mitteleuropa: Turm-, Wander- und Baumfalke, ganz selten der Rotfußfalke sowie (seit neuestem) der Würgfalke. Der häufigste Falke ist der **Turmfalke**. Seine Jagdmethode ist der Rüttelflug, eine äußerst energieaufwändige Flugweise, mit der er seine Hauptbeutetiere, vorwiegend Wühlmäuse, lokalisiert. Zudem lauern Turmfalken oft auf Warten, etwa einem Pfosten oder kleinen Erdhügel, auf unvorsichtige Beute-

Rohrweihen – im Bild von links nach rechts Jungvogel, Weibchen, Männchen – haben eine typische Art zu fliegen: Sie wechseln zwischen Strecken mit kräftigen Flügelschlägen und gaukelnden Gleitphasen ab, gelegentlich rütteln sie.

Habichte (links ein Jungvogel) kann man am besten beobachten, wenn die Paare im Frühjahr ihre Flugbalz über dem Brutplatz zeigen.

tiere, oder sie fliegen im Suchflug über die offene Landschaft.

Der rasanteste Falke Mitteleuropas ist der **Wanderfalke**, ein spektakulärer Jäger, der meist hoch am Himmel fliegt. Hat er ein unvorsichtiges Beutetier, etwa eine Taube, ausgemacht, stößt er mit hohem Tempo auf sein Opfer herab. Im Sturzflug kann er Geschwindigkeiten von 200 km/h und mehr erreichen und gehört damit zu den schnellsten Tieren überhaupt. Die Falken jagen aber auch im niedrigen Suchflug über Heiden und Sümpfen oder an der Küste. Bei ihrem Erscheinen reagieren viele Vögel mit Panik. In den letzten Jahren haben vereinzelt Wanderfalken Einzug in unsere Städte gehalten; sie brüten dort auf hohen Gebäuden. Der kleinste Falke Mitteleuropas ist der **Merlin**, der bei uns nur im Winter auftritt. Auch er ist ein sehr schneller Vogeljäger, der aber seine Beute meist dicht über dem Boden überwältigt. Ein ausgeprägter Zugvogel und Luftjäger ist der **Baumfalke**. Er ernährt sich vor allem von fliegenden Großinsekten wie Libellen, die er im Flug mit seinen Füßen fängt und gleich zum Schnabel führt. Er jagt aber auch Schwalben und Segler. An schönen Sommerabenden kann man manchmal mehrere Baumfalken gemeinsam über Feuchtflächen jagen sehen.

HÜHNERVÖGEL

In Mitteleuropa brüten acht Arten von **Hühnervögeln**. Mehrere Arten sind aufgrund ihrer Farbenpracht oder aus jagdlichen Gründen in Europa eingeführt worden. Zu Letzteren gehört der **Jagdfasan**. Fasane werden alljährlich in großer Zahl geschossen, nicht selten kurz nach ihrer Freilassung. Sie bewohnen die offene Waldlandschaft und Waldränder, können aber auch in Parks und Anlagen innerhalb von Städten beobachtet werden. Werden sie überrascht, fliegen sie laut burrend auf und erschrecken den Eindringling. Neben dem Jagdfasan wurden in England zwei weitere Fasanarten eingeführt: **Goldfasan** und **Diamantfasan**. Beide Arten zeichnen sich durch ein äußerst farbenprächtiges Gefieder aus.

Ein Vogel der abwechslungsreichen Feldflur ist das **Rebhuhn**. Der Bestand dieser geselligen Hühnervögel ist bei uns dramatisch gesunken, weil sie in der „modernen" ausgeräumten Landschaft kaum Deckung und nicht genug Nahrung finden. Nur wo es noch bewachsene Ackerraine, Hochstaudenfluren oder zugewachsene Gräben in extensiver Landschaft gibt, kann man Rebhühner zu Gesicht bekommen. Ein kleinerer Verwandter des Rebhuhns, die **Wachtel**, ist der einzige Zugvogel unter den Hühnervögeln. Sie lässt sich nur schwer beob-

Im 19. Jahrhundert wurden der Goldfasan (links, daneben Weibchen) und der Diamantfasan (vorn) von Asien nach England eingeführt. Trotz ihres leuchtenden Gefieders sind die scheuen Vögel schwer zu sehen.

Rebhühner sind scheue Vögel. Ihre Bestände sind in den letzten Jahren stark gesunken. Außerhalb der Brutzeit leben sie in Familientrupps, im Winter schließen sie sich manchmal zu kopfstarken „Völkern" zusammen. Mit bis zu 20 Eiern hat das Rebhuhn das größte Gelege aller Nestflüchter.

achten, dafür macht sie sich durch ihre Stimme bemerkbar – den Reviergesang des Männchens hört man zu allen Tageszeiten.

Im starken Kontrast zu den eben beschriebenen **Glattfuß-** oder **Feldhühnern** stehen die **Raufußhühner**, vor allem hinsichtlich Aussehen, Verhalten und Lebensraum. Ihren Namen haben sie von der dichten Befiederung der Läufe bis zu den Zehen. Eine besonders imposante Erscheinung ist das **Auerhuhn**. Die scheuen Vögel leben sehr zurückgezogen in großen, naturnahen Wäldern. In Mitteleuropa sind sie außerhalb der Alpen und einiger Mittelgebirge verschwunden. Ebenfalls stark bedroht ist das **Birkhuhn**. Da seine ursprüngliche Heimat, weite Moore und Heiden, immer mehr verschwindet, findet man dieses Raufußhuhn bei uns heute nur noch im Alpenraum, in der Rhön und in einigen Mooren der Norddeutschen Tiefebene. Am besten lässt es sich auf traditionellen Balzarenen beobachten. Dort versammeln sich im zeitigen Frühjahr die Männchen zur Gemeinschaftsbalz.

Das **Haselhuhn**, ein Bewohner reich strukturierter Wälder, braucht viel Unterholz. Den sehr zurückgezogen lebenden Vogel sieht man kaum; er macht höchstens durch seinen goldhähnchenartigen Gesang auf sich aufmerksam. In den Alpen oberhalb der Baumgrenze lebt das **Alpenschneehuhn**. Im Winter tarnt es sich durch ein weißes Gefieder (bis auf die schwarzen Steuerfedern). Bis zum Sommer werden die weißen Federn oberseits durch braungraue oder schwarze ersetzt und ergeben so ein scheckiges, dem Untergrund angepasstes Gefieder.

Die Männchen des Birkhuhns führen auf traditionellen Balzarenen ihre spektakuläre Gemeinschaftsbalz mit Flattersprüngen auf. Dabei äußern sie kullernde und zischende Laute. Mit dem besten Tänzer in der Mitte der Arena paaren sich die Weibchen.

RALLEN

In Mitteleuropa leben insgesamt sieben Rallenarten mit unterschiedlichen Verhaltensweisen. Während Bläss- und Teichhuhn sich gut beobachten lassen, sind die anderen Arten relativ scheu und leben sehr zurückgezogen.

Das **Blässhuhn** ist einer der häufigsten und am weitesten verbreiteten Wasservögel in Deutschland. Fast an jedem Gewässer kann man auf diese Rallen treffen. Beschäftigt man sich näher mit ihnen, kann man feststellen, dass auch „Allerweltsvögel" ein faszinierendes Verhalten zeigen, besonders während der Balz, wenn die Männchen miteinander kämpfen, manchmal bis zum Tod eines der Kontrahenten.

Bei den Kämpfen legen sich die Männchen im Wasser zurück und attackieren den Gegner mit ihren Füßen und Krallen. Während der Brutzeit kann man Blässhühner sehr gut beobachten, denn ihre Nester liegen oft wenig versteckt und auch die Jungen fütternden Altvögel zeigen keine Scheu vor dem Menschen. Schon kurz nach dem Schlüpfen betteln die Jungen ihre Eltern an und lassen sich mit Futterbrocken versorgen; dann haben die Altvögel alle Schnäbel voll zu tun. Sowohl an Land als auch in der Luft wirken Blässhühner relativ unbeholfen.

Im Verhalten ähnelt das **Teichhuhn** dem Blässhuhn. Allerdings taucht es nicht nach Nahrung, sondern nimmt sie von der Wasseroberfläche auf oder von knapp darunter. Teichhühner kommen zum Fressen auch häufig an Land. Wenn sie laufen, zucken sie in charakteristischer Weise mit ihrem Schwanz und Kopf. Dann fällt das weiße Dreieck auf der Schwanzunterseite besonders ins Auge. Teichhühner sieht man kaum fliegen; bei

Blässhühner sind fürsorgliche Eltern, die ihre Jungen (hinten) noch mehrere Wochen mit Futter versorgen, auch wenn diese schon selbst Nahrung suchen können.

Teichhühner verteidigen ihr Revier aggressiv gegen Konkurrenten und benutzen dabei Krallen und Schnabel als „Waffen".

Bedrohung versuchen sie meist durch schnelles „Paddeln" die schützende Deckung zu erreichen.

Von den schilfbewohnenden Rallenarten ist die **Wasserralle** am wenigsten an nasse Lebensräume gebunden. Neben Gewässerufern besiedelt sie auch feuchte Gräben oder andere feuchte Biotope. Ihr seitlich zusammengedrückter Körper und die langen Beine erlauben den Vögeln, schnell und gewandt durch das dichte Halmgewirr zu schlüpfen. Dabei benutzen sie immer wieder die gleichen Pfade. Sie ernähren sich vor allem von wirbellosen Tieren, die sie mit ihrem langen Schnabel vom Bewuchs ablesen oder aus dem Boden stochern. Selten fliegen sie, bei Gefahr bringen sie sich meist rennend in Sicherheit. Mit viel Geduld und Zeit kann man die scheuen Rallen beobachten.

Von den drei Sumpfhuhnarten oder Kleinrallen (Tüpfelsumpfhuhn, Kleines Sumpfhuhn, Zwergsumpfhuhn) ist das drossel-
große **Tüpfelsumpfhuhn** bei uns noch am häufigsten.
Es bewohnt Schilf- und Seg-
genbestände in niedrigem
Wasser, wo es sehr zurückgezogen lebt und höchstens
durch seinen peitschenartigen, monotonen Balzgesang auf sich aufmerksam macht. Tüpfelsumpfhühner sind Zugvögel, die den Winter im tropischen
Afrika verbringen; manche Vögel
bleiben auch im Mittelmeerraum.

Das Tüpfelsumpfhuhn lebt die meiste Zeit versteckt in dichten Seggenbeständen. Zu Gesicht bekommt man es selten.

Auch bei den Winzlingen unserer heimischen Rallenarten,
dem **Kleinen Sumpfhuhn** und dem **Zwergsumpfhuhn**, ist äußerste Geduld angesagt, will man sie beobachten. Ihr Brutlebensraum sind Überschwemmungsflächen und Verlandungszonen. Beide Arten sind sehr seltene Brutvögel Deutschlands.

Von allen Rallen hat der **Wachtelkönig** den trockensten Lebensraum. Er bewohnt deckungsreiche Feuchtwiesen, kommt
mitunter aber auch im dichten Bewuchs von Feldern oder Brachflächen vor. In Mitteleuropa haben seine Bestände in den letzten
Jahren stark abgenommen. Wo er noch regelmäßig brütet,
benutzen die Männchen Jahr für Jahr den gleichen Singplatz. Ihr
hölzern klingender Reviergesang ist auch das sicherste Anzeichen für das Vorkommen der Art. Zu Gesicht wird man diesen
scheuen Vogel nur ausnahmsweise bekommen. Dazu trägt auch
bei, dass man die Vögel in der hohen Vegetation selbst mit dem
Gehör nur schlecht orten kann. Ende Mai kommen die Wachtel-
könige aus ihren afrikanischen
Winterquartieren
zurück.

> **TIPP**
>
> **Rallenrufe**
> *Bis auf Bläss- und Teich-
> huhn leben alle Rallen recht
> versteckt. Am ehesten kann
> man sie sehen, wenn man
> an einem bekannten Platz
> bis zur Dämmerung – ihrer
> Hauptaktivitätszeit – war-
> tet. Durch ihre arttypischen
> Lautäußerungen lassen sie
> sich nachweisen.*

Die Beobachtung eines Wachtelkönigs gehört zu den Höhepunkten im Leben eines Ornithologen. Am ehesten gelingt es im Frühjahr, wenn die Männchen ihren zwei-silbigen, hölzernen Revier-gesang vortragen.

WATVÖGEL

Es gibt etwa 30 Watvogelarten, die in Mitteleuropa brüten, überwintern oder als Durchzügler auftreten. Diese Vögel nach Verhaltenskriterien in kleinere Gruppen aufzusplitten, ist willkürlich. Trotzdem werden wir sie zum besseren Verständnis in geeigneten Kategorien – auch nicht nach der Systematik – einteilen.

Regenpfeifer

Zu dieser Gruppe gehören ganz unterschiedliche Vögel, die trotzdem einige Merkmale gemeinsam haben: den kurzen, geraden Schnabel, mit dem sie ihre Nahrung von der Schlick- oder Bodenoberfläche picken, relativ kurze Beine, eine typische Art der Fortbewegung „rennen – stoppen – picken – rennen" sowie lange Flügel, die ihnen phänomenale Wanderungen erlauben.

Die drei kleinsten Regenpfeifer sind **See-**, **Sand-** und **Flussregenpfeifer**, alle mit ähnlichem Nahrungsverhalten. Der Sandregenpfeifer bewohnt meist sandige, schlickige oder kiesige Küsten. Oft ist er mit anderen kleinen Watvogelarten vergesellschaftet, obwohl er lieber allein Nahrung sucht. Der Flussregenpfeifer kommt im Binnenland vor; dort besiedelt er schütter bewachsene Kiesbänke an Flüssen und Seen, zunehmend auch Kies- und Sandgruben. Der Seeregenpfeifer kommt sowohl an der Küste als auch an binnenländischen Salzseen vor. Alle drei Arten zeigen während des Brütens ein interessantes Verhalten, mit dem sie Nestfeinde (und auch Menschen) vom Nest weglocken: Sie „verleiten", indem sie so tun, als ob sie verletzt wären, und durch Rufe und auffälliges Verhalten die Aufmerksamkeit des Nesträubers auf sich als „leichte" Beute lenken.

Gold- und **Kiebitzregenpfeifer**, etwas größer als die eben erwähnten Arten, sehen sich relativ ähnlich, zeigen aber ein unterschiedliches Verhalten. Kiebitzregenpfeifer kommen bei uns vor allem als Wintergäste an der Wattenmeerküste vor; wenige Vögel übersommern auch hier. Sie suchen einzeln oder in kleinen Trupps nach Nahrung. Der Goldregenpfeifer brütet nur noch in wenigen Paaren in Norddeutschland, ist aber häufiger Wintergast. Außerhalb der Brutzeit bildet er mit Kiebitzen oft kopfstarke Trupps. Wie Sand- und Flussregenpfeifer verleitet er ebenfalls.

Der Sandregenpfeifer ist vor allem ein Vogel der Küste. Nur auf dem Zug trifft man ihn auch auf Schlammflächen an Binnengewässern an. Im Jugendkleid (Abbildung) zeigt er kein Schwarz auf dem Oberkopf.

Kiebitze treten außerhalb der Brutzeit in riesigen Schwärmen auf, die auf Ackerland oder an der Küste nach Regenpfeifermanier Nahrung suchen. Bei Gefahr erhebt sich der Schwarm laut rufend in die Luft. Besonders eindrucksvoll ist die Balz der Männchen, ein rasanter, merkwürdig taumelnder Imponierflug mit wummerndem Flügelgeräusch. Wie bei allen Watvögeln sind auch die jungen Kiebitze Nestflüchter, die das Nest schon kurz nach dem Schlüpfen verlassen.

Der **Mornellregenpfeifer** ist Brutvogel Nord- und Nordwesteuropas, in Mitteleuropa kommt er in nur wenigen Paaren in den Ostalpen brütend vor. In Deutschland sieht man ihn regelmäßig in kleinen Trupps auf dem Durchzug. Meist rasten die Vögel an traditionellen Plätzen. Am Brutplatz sind sie recht vertraut und lassen Menschen oft relativ nah an das Nest.

Kleine Watvögel

In dieser Gruppe werden Vögel behandelt, die zwar in etwa gleich groß sind, aber nur wenig Gemeinsamkeiten im Verhalten zeigen. Die kleinsten Watvögel dieser Gruppe, **Zwergstrandläufer** und **Temminckstrandläufer**, sind in Mitteleuropa Durchzügler. Beide Arten haben einen langen Zugweg zwischen der Arktis bzw. Nordeuropa und Afrika zu bewältigen. Und so sieht man sie bei uns fast nur als Durchzügler Nahrung suchend, um Fett-

Mit der langen, aufrichtbaren Holle und dem glänzenden Gefieder ist der Kiebitz eine attraktive Erscheinung. Zur Zugzeit versammeln sich manchmal Tausende dieser Vögel auf Wiesen und Weiden an der Küste und im Binnenland.

Der Mornellregenpfeifer ist einer der wenigen Vögel, bei denen die Geschlechterrollen vertauscht sind: Die Weibchen (Abbildung) sind kontrastreicher gefärbt und der aktive Part bei der Balz. Nachdem ein Weibchen seine Eier abgelegt hat, ist es meist die Aufgabe des Männchens, das Gelege zu bebrüten. Das Weibchen sucht dann oft ein weiteres Männchen für eine zweite Brut.

reserven für die weitere Wanderung aufzubauen. Während der Temminckstrandläufer eher einzeln und bedächtig an geschützten Stellen Nahrung sucht, wirkt der gesellige Zwergstrandläufer oft recht hektisch. Häufig hält sich in ihrer Nähe ein weiterer Langstreckenzieher auf, der **Sichelstrandläufer**, kenntlich am deutlich abwärts gebogenen Schnabel. Wie ihre häufigeren Verwandten, **Alpenstrandläufer**, **Knutt** und **Sanderling**, erbringen sie ungewöhnliche Zugleistungen.

Alpenstrandläufer und Knutts bilden zur Nahrungssuche und beim Ruhen riesige Schwärme. Dies gibt ihnen Sicherheit gegenüber Beutegreifern. Im Flug wirken die Knuttschwärme wie ein einziger Organismus, von unsichtbaren Kräften synchronisiert, wenn sie ihre rasanten Flugmanöver in vollendetem Gleichklang vorführen. Sanderlinge bilden kleinere Trupps an der Gezeitenlinie. Wie aufgezogene Spielzeugtiere rennen sie vor den ankommenden Wellen weg und laufen dem abfließenden Wasser nach.

Zwei nicht näher miteinander verwandte Arten, **Steinwälzer** und **Meerstrandläufer**, ähneln sich in ihrem Verhalten, an felsigen Küsten zu ruhen und Nahrung zu suchen. Mit ihren kurzen, kräftigen Schnäbeln picken sie Wirbellose auf. **Flussuferläufer**, **Bruch-** und **Waldwasserläufer** sind vor allem Vögel des Süßwassers. Allerdings kann man sie auf dem Zug auch an der Küste antreffen. Den Flussuferläufer erkennt man ganz gut an seinem

Der Zwergstrandläufer (im Hintergrund im Schlichtkleid) ist der kleinste Watvogel Europas. Nicht viel größer als eine Blaumeise, unternimmt er weite Wanderungen von der Arktis bis nach Afrika.

Knutts sind gesellige Vögel, die oft in großen Schwärmen während Ebbe Nahrung suchen und bei Flut ruhen.

Verhalten, fast pausenlos mit dem Hinterteil auf- und abzuwippen (auch der Waldwasserläufer tut dies häufig). Meist sitzt der Waldwasserläufer ruhig da; wird er aufgescheucht, fliegt er laut rufend auf. Der Bruchwasserläufer erinnert in seinem Verhalten eher an eine kleine Ausgabe der großen Wasserläufer, wenn er elegant durch das tiefere Wasser watet.

Der Flussuferläufer zeigt ein charakteristisches Verhalten: Er wippt ständig mit dem Hinterkörper, bei Beunruhigung nickt er zusätzlich mit dem Kopf.

Mittelgroße Watvögel

In dieser Gruppe werden vier Watvogelarten behandelt, die außerhalb der Brutzeit in einer Vielzahl von Lebensräumen vorkommen können. **Rotschenkel**, **Grünschenkel** und **Dunkler Wasserläufer** besitzen lange Beine und relativ lange Schnäbel. Meist suchen sie ihre Nahrung auf Schlammflächen oder nahe am Wasserrand. Rotschenkel sind an verschiedenste Lebensräume angepasst, vor allem außerhalb der Brutzeit. Beim geringsten Anzeichen einer Gefahr warnen sie anhaltend. Während der Brutzeit sitzen Rotschenkel oft ununterbrochen rufend auf Pfosten, um einen besseren Überblick zu haben. Grünschenkel und Dunkler Wasserläufer sind in ihrer Ernährung ziemlich spezialisiert. Mit seinen langen Beinen und dem langen Schnabel vermag der Dunkle Wasserläufer auch in tieferem Wasser zu waten.

Eine besondere Vogelgestalt ist der **Kampfläufer**. Vor allem außerhalb der Brutzeit erinnert er im Verhalten und in der Gestalt an einen Rotschenkel, zu dieser Zeit teilen sich beide Arten den Lebensraum. Kampfläufer halten sich aber auch an trocke-

> ### TIPP
>
> **Gezeiten und Watvögel**
> *Um Watvögel an der Küste von nahem sehen zu können, muss man die Tidenzeiten kennen. Am besten bezieht man einen Platz einige Stunden vor der Flut, dann drückt das steigende Wasser die Vögel langsam in Beobachtungsnähe.*

neren Stellen auf, etwa auf gepflügten Ackerflächen. Zur Brutzeit ändern die Kampfläufer ihr Verhalten grundlegend und unterscheiden sich dann von Rotschenkeln. Die Männchen entwickeln einen auffälligen, jeweils unterschiedlichen Kopfschmuck und sammeln sich auf traditionellen Balzarenen, um sich zu präsentieren und Weibchen anzulocken. Wie bei allen Vogelarten mit Gruppenbalz kümmern sich nur die Weibchen um das Brutgeschäft.

Große Watvögel

Dazu gehören Pfuhl- und Uferschnepfe, Großer Brachvogel und Regenbrachvogel, Austernfischer sowie Säbelschnäbler, Stelzenläufer und Triel.

Sowohl **Ufer-** als auch **Pfuhlschnepfe** sind große, langbeinige Watvögel, die häufig in Feuchtgebieten an der Küste anzutreffen sind. Sie treten meist im Trupp auf. Während die Uferschnepfe eher in tieferem Wasser nach Nahrung sucht, bevorzugt die Pfuhl-schnepfe dafür Sandküsten und Schlickflächen.

Kennzeichen der beiden **Brachvögel** ist der lange, abwärts ge-bogene Schnabel, mit dem sie im Boden nach Wirbellosen sto-chern. Zur Brutzeit zeigen beide Arten einen wundervollen Balz-flug, begleitet von flötenden und trillernden Gesangsstrophen. Den Winter verbringen **Regenbrachvögel** an den Küsten Afrikas; auf dem Zug machen sie oft in küstennahen Bereichen Halt zur Nahrungssuche. **Große Brachvögel** überwintern in Europa; sie suchen oft in großen Trupps an Flussmündungen, auf Schlickflä-chen an der Küste oder auf überfluteten Feldern nach Nahrung.

Der relativ kräftig gebaute **Triel** bewohnt trockene Heidegebie-te und Steppenlandschaften. Seine auffallend großen Augen ver-raten ihn als dämmerungsaktiven Vogel. Triele sind in Mittel-europa nur noch in Restbeständen vorhanden. Sie sind kaum auszumachen, wenn sie sich flach an den Boden drücken. Ihre Anwesenheit bemerkt man eher durch ihre rau flötenden Rufe.

Der **Austernfischer** bewohnt eine Vielzahl von sandigen oder schlammigen Lebensräumen. Vor allem bei Flut bilden die schwarzweißen Watvögel große Trupps, die zusammen ruhen. Nahrung suchende Austernfischer kann man außer im Küsten-bereich an den unterschiedlichsten Stellen antreffen, häufig hal-ten sie sich auf Wiesen und Weiden auf, entlang von Flüssen dringen sie auch tief ins Binnenland vor.

Säbelschnäbler und **Stelzenläufer** zählen sicherlich zu unse-ren elegantesten Watvögeln. Der Säbelschnäbler durchseiht mit seinem dünnen, aufwärts gebogenen Schnabel unter seitlich pendelnden Kopfbewegungen das Wasser und filtert dabei Klein-lebewesen heraus. Nahrung suchende Säbelschnäbler halten sich oft im Trupp auf, doch zur Brutzeit werden sie territorial und vertreiben jeden Eindringling aus ihrem Revier. Ein typischer Vogel der Steppenseen und Salinen vor allem des östli-chen Mittel-europas ist der Stelzen-läufer. In Deutsch-land ist er Ausnahme-gast, hat aber bereits ein paar Mal gebrütet.

Mit ihrem schwarzweißen Gefieder, den roten Beinen und dem roten Schnabel sind Austernfischer unverkennbar und zählen zu den Charak-tervögeln an der Küste. Zur Brutzeit führen kleine Grup-pen durchdringend laute Trillerkonzerte auf. Trotz ihres Namens ernähren sie sich nicht nur von Austern, sondern von Meereswürmern, Muscheln, Schnecken oder Krebstieren.

Schnepfen

Die vier Arten Bekassine, Doppelschnepfe, Zwergschnepfe und Waldschnepfe besitzen lange Schnäbel, kurze Beine, ein braunes Tarngefieder und haben ähnliche Nahrungsgewohnheiten.

Die **Bekassine** brütet in Feuchtlebensräumen wie Feuchtwiesen, Mooren oder Sümpfen. Ihre Nahrung sucht sie nahe der Deckung im weichen Boden stochernd. Bei Gefahr fliegt sie schnell und steil im Zickzackflug aufwärts und ruft dabei nasal. Während der Brutzeit unternehmen Bekassinen häufig Balzflüge: Sie steigen hoch auf und sausen immer wieder ein Stück abwärts, wobei sie durch Abspreizen der äußeren Steuerfedern ein wummerndes Geräusch erzeugen.

Die kleinste der vier Arten, die **Zwergschnepfe**, war einmal Brutvogel Deutschlands; die einzigen mitteleuropäischen Brutvorkommen liegen heute in Polen. Diese sehr versteckt lebende Schnepfe fliegt meist erst auf, wenn man schon beinahe auf sie tritt. Ein äußerst seltener Durchzügler bei uns ist die **Doppelschnepfe**. Sie ähnelt im Aussehen einer Bekassine, ist aber kräftiger gebaut. Bemerkenswert ist die Gemeinschaftsbalz der Männchen auf Balzarenen.

Die **Waldschnepfe** ist, wie der Name vermuten lässt, ein Waldbewohner. Die scheuen Vögel kann man am besten zur Brutzeit

Bei der Nahrungssuche stochert die Bekassine mit ihrem langen Schnabel im weichen Schlamm, um Würmer, Schnecken oder Insektenlarven zu erbeuten.

Die Waldschnepfe ist einer der am verborgensten lebenden Watvögel. Fast ihr ganzes Leben verbringt sie im dichten Unterholz des Waldes. Mit ihrem rindenartigen Gefieder ist sie hervorragend in ihrem Lebensraum getarnt.

beobachten, wenn die Männchen in der Morgen- und Abenddämmerung über den Wipfeln der Bäume fliegen und abwechselnd quorrende und scharfe Laute hören lassen.

MÖWEN UND SEESCHWALBEN

Sieben Möwen- und acht Seeschwalbenarten brüten regelmäßig in Mitteleuropa; hinzu kommen noch einige Arten, die ausnahmsweise brüten, hier durchziehen oder als Wintergäste erscheinen.

Es gab eine Zeit, wo **Möwen** von Ornithologen ignoriert wurden – vielleicht, weil sie zu häufig waren oder weil die Bestimmung wegen der vielen verschiedenen Kleider zu knifflig ist. Dabei lassen sich Möwen relativ leicht beobachten, denn sie sind meist nicht sehr scheu.

Die auch dem Binnenländer vertrauteste Möwe ist die **Lachmöwe**. Sie brütet sowohl an der Küste als auch an Ufern von Gewässern des Flachlands. Im Herbst folgen oft große Trupps den pflügenden Bauern, denn durch die Bodenbearbeitung wird viel Fressbares ans Tageslicht gebracht. Im Winter suchen sie in großen Scharen die Städte auf und verköstigen sich an Vogelfütterungen.

Auch **Sturm-**, **Silber-** und **Heringsmöwe** zieht es immer häufiger landeinwärts; die beiden letztgenannten Arten brüten gebietsweise sogar in Städten, etwa auf Kaminen. Winteransammlungen dieser vier Arten sind es immer wieder wert, genau hinzuschauen, denn gelegentlich verbirgt sich im Schwarm eine seltene Möwenart.

Auch die Brutkolonien der Möwen bieten ein faszinierendes Beobachtungsfeld. Nicht nur das Brutverhalten mit Balz, Paarung und Revierstrei-

Sturmmöwen erinnern in der Färbung an die größeren Silbermöwen. Im Winter sieht man sie nicht selten zusammen mit Lachmöwen an Dampferstegen.

Die Mantelmöwe ist die größte Möwe an unseren Küsten. Seit ein paar Jahren brütet die Art in wenigen Paaren an der deutschen Ostseeküste.

Die Dreizehenmöwen erzeugen in ihren oft riesigen Brutkolonien einen ohrenbetäubenden Lärm, wobei sie klagend „kiti-wääik" rufen – im Englischen heißt die Art lautmalerisch „kittiwake".

tigkeiten ist interessant, sondern auch die Aufzucht der Jungen kann nicht selten aus der Nähe miterlebt werden.

Am Rand der Kolonien warten oft größere Möwen wie **Silber-** oder **Mantelmöwen** darauf, dass ein Nest unbewacht ist und sich die Gelegenheit bietet, ein Ei oder Junges zu erbeuten. Man sollte auch die zum Nest zurückkehrenden Altvögel beachten. Denn sie würgen das Futter für die hungrigen Jungen erst hervor, wenn diese durch bestimmte Verhaltensweisen den Fütterungsreflex ausgelöst haben.

Helgoland ist in Mitteleuropa der einzige Brutplatz der **Dreizehenmöwe**. Diese Art ist von allen Möwen am stärksten an das Leben auf der Hochsee angepasst. Sie brütet an Steilfelsen, bezieht gelegentlich aber auch Lagerhäuser in Hafengebieten.

Seltene Brutvögel Mitteleuropas sind **Schwarzkopfmöwe** und **Zwergmöwe**. Erstere ähnelt der Lachmöwe, die dunkle Kapuze zieht sich aber weiter in den Nacken hinunter. Bei der Zwergmöwe ist der ganze Kopf schwarz.

Seeschwalben sind die „Ballettausführung" der Möwen. Mit ihrem eleganten Flug und ihrer graziösen Erscheinung stellen

TIPP

Vogelkolonien
Sie bieten eine gute Möglichkeit, um Brutverhalten bei Vögeln zu erleben. Da die Nester recht dicht stehen, lassen sich die verschiedensten Interaktionen zwischen den Vögeln studieren. Dabei sollte man ein Spektiv verwenden oder zum Fotografieren oder Filmen mit einem leistungsfähigen Teleobjektiv arbeiten, um nicht zu stören.

sie die eher plumpen Möwen in den Schatten. **Fluss-Seeschwalben** brüten auf flachen Inseln oder Sandbänken an der Küste oder auf Kiesbänken von Flüssen im Binnenland. In Deutschland sind die binnenländischen Brutvorkommen fast alle erloschen oder auf so genannte Nistflöße „umgeleitet" worden. Wie Möwen zeigen sie zur Brutzeit ein komplexes Balzritual. Eine nah verwandte Art, die **Küstenseeschwalbe**, nistet in großen Kolonien auf spärlich bewachsenen Inseln vor der Küste. Betritt man eine dieser Kolonien, wird man vehement angegriffen; mitunter hinterlassen die spitzen Schnäbel blutende Kopfwunden.

Brandseeschwalben brüten ebenfalls an der Küste. Ihr Aussehen ist möwenähnlicher als das ihrer Verwandten. Die hübschen **Zwergseeschwalben** nisten auf Sand- und Kiesstränden an der Küste. Wie alle Seeschwalben erbeuten sie ihre Nahrung stoßtauchend.

In den letzten Jahrzehnten hat die Schwarzkopfmöwe ihr Verbreitungsgebiet erweitert und zählt inzwischen zu den Brutvögeln Deutschlands. Meist brütet sie in Einzelpaaren inmitten von Kolonien der häufigeren Lachmöwe.

Diese junge Fluss-Seeschwalbe (rechts) bettelt noch immer ihre Eltern um Futter an, obwohl sie groß genug ist, selbst Nahrung zu suchen.

Die Ringeltaube, unsere größte Taube, ist ein sehr wachsamer Vogel. Fühlt sie sich bedroht, startet sie mit laut klatschenden Flügelgeräuschen.

Straßentauben kommen in sehr unterschiedlichen Farben, Mustern und Schattierungen vor. Trotzdem können sie ihre Herkunft von der Felsentaube nicht verleugnen. Im Frühjahr zeigen die Männchen ihr auffälliges Balzgehabe.

TAUBEN

In Deutschland kann man fünf Taubenarten beobachten; drei Arten sind ganzjährig hier zu sehen: Straßentaube, Türkentaube und Ringeltaube. Die Straßentauben sind verwilderte Gefangenschaftsflüchtlinge, sie stammen von der Felsentaube ab. Wild lebende Felsentauben gibt es in Südeuropa und Nordwesteuropa. Allerdings sind die meisten Bestände durch Vermischung mit verwilderten Straßentauben nicht mehr reinerbig. Nur noch an sehr abgelegenen Küsten und in Gebirgsgegenden kann man die echte Wildform dieser scheuen Taubenart antreffen.

Straßentauben werden von Ornithologen nicht sonderlich beachtet, vielleicht weil sie Abkömmlinge domestizierter Vögel sind. Doch für die Beobachtung von Verhalten aus nächster Nähe sind sie hervorragend geeignet, da sie häufig und an Menschen gewöhnt sind und eine Palette interessanter Verhaltensweisen zeigen. Im Frühjahr halte man beispielsweise Ausschau nach Männchen, die ihre unbeteiligt wirkenden Weibchen laut gurrend und sich im Kreis drehend anbalzen. Durch die Domestikation sind viele verschiedene Farbschläge entstanden, hin und wieder sieht man aber auch wildfarbene Straßentauben, die der ursprünglichen Art (Felsentaube) noch stark ähneln.

Die **Ringeltaube**, ursprünglich ein Vogel der Wälder und des Kulturlands, hat sich gebietsweise an ein Leben in menschlichen Siedlungen angepasst. So gehört diese Taube inzwischen zur Vogelwelt Hamburgs, wo man sie häufig in Parks und Anlagen zu Gesicht bekommt. Von der ähnlichen Straßentaube unterscheidet sie sich vor allem durch die bedeutendere Größe und den weißen Halsseitenfleck. Ein gutes Erkennungszeichen sind die laut klatschenden Flügelschläge, wenn die Tauben auffliegen.

Die **Türkentaube** hat Europa erst im Lauf des letzten Jahrhunderts von Vorderasien aus besiedelt. In Deutschland tauchte sie erstmals 1944 auf; die erste Brut fand ein Jahr später statt. Unterdessen hat sie sich auch in Nordwesteuropa etabliert. Überall ist sie ein vertrauter Anblick in Städten und Vororten, besonders mit vielen Bäumen. Die Tauben besuchen regelmäßig Fütterungen, wo sie sich aber immer recht vorsichtig verhalten und ständig nach Feinden Ausschau halten.

Eine unserer seltensten Taubenarten ist die **Hohltaube**. Sie ist ein reiner Waldbewohner, kommt

aber auch in der Kulturlandschaft mit Feldgehölzen vor. Ihre Nester legen Hohltauben in Baumhöhlen an. Zur Balzzeit im Frühjahr unternimmt das Männchen kreisende Schauflüge über dem Brutrevier, dabei hört man häufig klatschende Flügelgeräusche. Nicht selten suchen Hohltauben in gemischten Trupps mit Ringeltauben auf Feldern Nahrung.

Unsere kleinste Taubenart und ebenfalls relativ selten ist die **Turteltaube**. Sie lässt sich im Mai und Juni am ehesten durch ihre tief gurrenden „turrrrr-turrrrr"-Rufe entdecken, denen sie auch ihren deutschen Namen zu verdanken hat. Als Wärme liebende Art kommen Turteltauben in Mitteleuropa nur in trockenen, warmen Tieflandbereichen vor. Sie sind Zugvögel, die den Winter in Afrika verbringen. Beim Landen spreizen sie ihren Schwanz und präsentieren so die leuchtend weiße Endbinde.

Die kleinste Taube bei uns ist die Turteltaube. Sie ist der einzige Langstreckenzieher unter den Tauben. Ihre Winterquartiere liegen in Afrika südlich der Sahara.

EULEN, KUCKUCKE UND ZIEGENMELKER

In dieser uneinheitlichen Gruppe von Nicht-Singvögeln befindet sich unsere größte Familie von nachtaktiven Vögeln, die Eulen, die ebenfalls nachtaktiven Ziegenmelker sowie ein Zugvogel, der seine Eier in fremde Nester legt und von den Wirtsvögeln ausbrüten lässt: der Kuckuck.

Die meisten **Eulen** kann man nur schwer beobachten, denn sie sind entweder nachtaktiv oder verhalten sich sehr heimlich; selbst tagaktive Arten wie die Sumpfohreule bekommt man nicht häufig zu Gesicht. Hat man eine Eule entdeckt, ist sie meist ohne weiteres als solche zu erkennen, denn sie zeigt stets nach vorn gerichtete Augen und typisches Verhalten. Die Eulen haben sich an ihren jeweiligen Lebensraum so gut angepasst, dass man kaum zwei Arten nebeneinander sieht. Unsere häufigste und gleichzeitig auch eine unserer heimlichsten Eulen ist der **Waldkauz**. Die sehr ortstreue Art verbringt die meiste Zeit ihres Lebens im gleichen kleinen Gebiet, das sie dadurch natürlich gut kennen lernt. Das ist auch wichtig für einen überwiegend nachtaktiven Vogel. Am ehesten macht der Waldkauz durch seine charakteristischen Rufe im Spätwinter oder frühen Frühjahr auf sich aufmerksam. Damit bekunden die Männchen ihren Anspruch auf ein Brutterritorum. In einem Waldkauzrevier halte man Ausschau nach geeigneten Bruthöhlen, die sich meist in halber Höhe in einem alten Baum befinden. Oder man suche außerhalb der Brutzeit nach ruhenden Vögeln. Waldkäuze verschlafen den Tag, indem sie dicht an einen Stamm geschmiegt auf einem Ast oder in einer Höhlung stehen.

Obwohl nachtaktiv, kann man Waldkäuze oft an ihren Tageseinständen ruhend beobachten.

Schleiereulen bewohnen offenes Kulturland, im Idealfall in kleinräumiger Landschaft, mit alten Gebäuden, in denen sie ihre Jungen aufziehen können. Manchmal lassen sie sich in der Morgen- und Abenddämmerung bei der Jagd beobachten. Dann schweben sie als weiße „Geister" über Felder und Wiesen auf der

Suche nach ihrer Lieblingsbeute – Wühlmäusen. Ihr weiches Gefieder erlaubt ihnen einen lautlosen Flug. Es durchnässt allerdings auch schnell; deshalb ist eine gute Zeit, die Eulen zu sehen, wenn es einige Zeit geregnet hat und sie danach wieder jagen. Die lautlos gaukelnde Flugweise und der abrupte Sturzflug zum Ergreifen der Beute sind immer wieder ein starkes Erlebnis.

Steinkäuze sind neben Sumpfohreulen die Eulen, die man am ehesten tagsüber sehen kann. Als wärmeliebende Art bewohnen sie in Mitteleuropa offene, kleinräumige Kulturlandschaft mit Weinbergen, Streuobstflächen und Weiden. Oft sitzen sie völlig frei auf einem niedrigen Pfosten, Zaunpfahl oder Baum und warten auf Beutetiere, etwa Kleinsäuger, Würmer oder Insekten.

Schleiereulen sind vollendete Jäger. Auf leisen Schwingen fliegen sie langsam schwankend über den Boden, um Kleinsäuger (im Bild eine Spitzmaus) zu überraschen.

Die nachtaktiven Waldohreulen lassen sich am besten anhand der hohen, klagenden Rufe der Jungen entdecken.

Waldohreule und **Sumpfohreule** bilden ein Arten-Paar, obwohl sie unterschiedliche Lebensräume bewohnen. Wie der Steinkauz ist die Sumpfohreule hauptsächlich tagsüber aktiv. Sie kommt in Heideflächen, Mooren und Wiesengelände vor, wo sie in gaukelnder Flugweise Mäuse jagt. Sie ähnelt mit ihren langen, schmalen Flügeln eher einer Weihe als einer Eule. In Mitteleuropa ist sie meist ausgesprochen selten und in Deutschland unsteter Brutvogel. Im Gegensatz dazu ist die Waldohreule ein nächtlicher Jäger und dadurch kaum zu beobachten. Allerdings kann man sie manchmal an ihren winterlichen Tageseinständen sehen, wo bis zu einem Dutzend der Eulen zusammen den Tag verschlafen.

Der **Ziegenmelker** ist ein weiterer, schwer auszumachender Vogel. Wenn man einen Platz kennt, wo er vorkommt, etwa

Um einen Ziegenmelker sehen zu können, achte man an einem schönen Frühjahrsabend auf seinen schnurrenden Gesang. In der Dämmerung macht er sich auf die Jagd nach fliegenden Insekten.

einen lichten Kiefern- oder Mischwald, Heide oder Moor, sollte man in der Dämmerung eines schönen Abends von Mitte Mai bis Juli geduldig warten. Mit etwas Glück wird man diese Nachtschwalbe bei der Insektenjagd entdecken. Man erkennt den Ziegenmelker an den weißen Flügelflecken, die im Abendlicht aufleuchten, und an seinem monoton schnurrenden Gesang. Den Tag verbringen die Vögel bewegungslos auf dem Boden oder der Länge nach auf einem Ast ruhend.

Das außergewöhnliche Verhalten des **Kuckucks** würde ein ganzes Buch füllen. Er ist der einzige Brutparasit Mitteleuropas. Ein Weibchen legt pro Saison bis zu 20 Eier in verschiedene Nester ihrer Wirtsvögel. Mit dieser Strategie vergrößert es seinen Bruterfolg. Kuckucke haben eine breite Palette von Wirtsvögeln. In Mitteleuropa werden besonders Teich- und Sumpfrohrsänger, Haus- und Gartenrotschwanz, Rotkehlchen und Heckenbraunelle vom Kuckuck heimgesucht. Jedes Weibchen legt aber seine Eier nur in das Nest der Art, von der es erbrütet wurde. Bevor es ein Ei in das Nest der Wirtsvogelart legt, entfernt es daraus zunächst mindestens eines. Ist der Jungkuckuck geschlüpft, schiebt er die anderen Eier oder seine Nestgeschwister rücklings aus dem Nest. Durch das eifrige Füttern seiner Zieheltern wächst er rasch heran, bis er nicht mehr in das kleine Nest passt. Im Juni oder Juli verlassen seine „echten" Eltern bereits Europa und ziehen nach Afrika. Ihren Nachwuchs sehen sie nie. Er muss nach dem Flüggewerden selbst seinen Weg ins Winterquartier finden.

Der Gesang des Kuckuck-Männchens entspricht seinem Namen. Singwarten sind Baumspitzen, Leitungsdrähte oder Pfosten. Das Verhalten der Weibchen, ihre Eier in fremde Nester zu legen und von den Wirtsvögeln ausbrüten zu lassen, hat den Kuckuck zu einer der am besten bekannten Vogelarten gemacht.

PAPAGEIEN, EISVÖGEL UND WASSERAMSELN

In dieser bunten Vogelsammlung sind die ersten beiden Gruppen bekannt wegen ihrer Farbenpracht, während Wasseramseln Singvögel mit Neigung zum Wasser sind.

Papageien gehören eigentlich nicht in ein Buch über Vögel Mitteleuropas. Jedoch wurden sie Teil unserer Vogelwelt, seit 1970 **Halsbandsittiche** erstmals in Deutschland nachgewiesen wurden. Es ist allerdings unklar, ob es sich hierbei um bewusst ausgesetzte Vögel oder um Gefangenschaftsflüchtlinge handelt. Heute hat sich die Art in einigen deutschen Städten wie Heidelberg, Wiesbaden, Mainz, Bonn, Köln oder Düsseldorf als Brutvogel etabliert. Auch in Österreich, den Niederlanden, in Belgien und Großbritannien gibt es stabile Brutpopulationen. Die ursprüngliche Heimat der Unterart des Halsbandsittichs, die in Mitteleuropa lebt, reicht von Pakistan bis Südostchina. Die sehr anpassungsfähige Art vermag extreme Kälte auszuhalten und kann schnell künstliche und neue natürliche Futterquellen nutzen; auch an Fütterungen bedient sie sich gern. Die Sittiche bewohnen locker bewaldete Landschaften, wo sie in Baumhöhlen brüten. Dadurch treten sie bei uns in Konkurrenz zu einheimischen Höhlenbrütern wie Staren, Hohltauben und Dohlen oder zu Säugetieren wie Siebenschläfern und Fledermäusen. Die Sittiche lassen sich leicht beobachten, denn sie fliegen meist in Trupps, wobei sie ständig laut kreischend rufen. Oft kann man ihr Balz- und Nahrungsverhalten beobachten, was die ganze Familie der Papageien so interessant macht. In der Dämmerung fliegen die Sittiche in Trupps zu ihren Gemeinschafts-Ruheplätzen.

Der **Eisvogel** ist noch farbenprächtiger als der

Der jüngste Neuzugang in unserer Vogelwelt ist der Halsbandsittich. In den Parks einiger Städte Mitteleuropas ist er unterdessen ein gewohnter Anblick. Die lauten Vögel versammeln sich abends in großen Trupps am Ruheplatz.

Mit etwas Glück lassen sich die scheuen Eisvögel am Rand eines Gewässers beobachten, wie sie nach kleinen Fischen stoßtauchen. Die Beute wird mit kräftigen Schlägen auf den Ast getötet, bevor sie der Vogel mit dem Kopf voran verschlingt.

Halsbandsittich. Er hat in dieser Beziehung keinen Konkurrenten bei uns. Er ist viel kleiner, als man meist annimmt. Trotz seiner Farbenpracht ist er schwer zu sehen – oft erst, wenn er als blauer Blitz knapp über dem Wasser davonfliegt. Zur Nahrungssuche steht er auf einem Ast über dem Wasser. Hat er einen kleinen Fisch erspäht, stürzt er sich kopfüber ins Wasser. Eisvögel brüten in selbst gegrabenen Höhlen in Steilwänden an Gewässern. Am Höhleneingang kann man die scheuen Vögel ein- und ausfliegen sehen.

Die **Wasseramsel** ist einzigartig. Dieser Singvogel sucht seine Nahrung unter Wasser. Von der Statur ähnelt er einem großen Zaunkönig, ihren Namen hat die Wasseramsel von ihrem überwiegend dunklen Gefieder, das an eine Amsel erinnert. Wasseramseln leben an schnell fließenden Flüssen und Bächen. Dort suchen sie ihre Nahrung – im Wasser lebende Larven von Stein-, Eintags- und Köcherfliegen –, indem sie am Ufer pirschen, auf dem Wasser schwimmen oder tauchen und auf dem Gewässergrund laufen. Ihre überdachten Moosnester bauen die Vögel in Höhlungen in der Uferböschung. Die Jungen verlassen das Nest, bevor sie richtig fliegen können, und werden von den Eltern noch weiterhin gefüttert.

Wasseramseln erinnern in ihrer Gestalt an Zaunkönige, halten ihren Schwanz aber nicht gestelzt. Sie sind die einzigen Singvögel, die ihre Nahrung unter Wasser suchen.

Der Grünspecht ist recht scheu, fällt aber durch seine laute Stimme auf. Seine Nahrung – Ameisen – sucht dieser Erdspecht oft in offenem, grasigem Gelände. Beim Klettern am Stamm stützt er sich mit seinem Schwanz ab.

TIPP

Spechte
Wie viele Waldvögel sind Spechte oft sehr heimlich. Sie fliegen nur kurze Strecken in wellenförmiger Flugbahn. Aufmerksam wird man auf sie durch ihre Rufe und Gesänge oder durch die ebenfalls arttypischen Trommelwirbel, besonders im Frühjahr.

Buntspechte suchen ihre Nahrung vor allem an toten oder sterbenden Bäumen. Mit ihrem starken Schnabel stochern sie Insekten und deren Larven aus dem Holz.

SPECHTE

In Mitteleuropa gibt es insgesamt zehn Spechtarten, die sich seit der Eiszeit langsam nord- und westwärts ausgebreitet haben. Dabei haben nur drei Arten die britischen Inseln (nicht aber Irland) erobert: Grün-, Bunt- und Kleinspecht.

Zu den so genannten Erdspechten gehören der **Grünspecht** und der **Grauspecht**. Sie sind Vögel der Laub- und Mischwälder sowie größerer Parks. Der Grauspecht ist eher ein Waldvogel und geht im Gebirge höher hinauf als der Grünspecht. Beider Hauptnahrung sind Ameisen, die sie am Boden aus ihren Bauen graben (daher der Name Erdspecht!). Der Grünspecht trommelt weniger als die schwarzweißen Spechte; stattdessen kann man ihn an seiner lachenden Gesangsstrophe erkennen. Der etwas kleinere und zierlichere Grauspecht lässt neben schnellen Trommelwirbeln abfallende Rufreihen, seinen Reviergesang, hören.

Unser mit Abstand häufigster Specht ist der **Buntspecht**. Er bewohnt Wälder aller Art, Parks und Gärten sowie Waldinseln in der Kulturlandschaft. Im Winter besucht er häufig auch Fütterungen. Neben Insekten und deren Larven, die er aus Ritzen und Spalten von Bäumen stochert, ernährt er sich auch von Baumsamen, besonders von Fichten. Wie alle Spechte zeigt er einen wellenförmigen Flug.

Der kleinste europäische Specht, der **Kleinspecht**, ist recht selten bei uns. In seinem Verhalten erinnert er eher an einen Singvogel als an einen Specht, wenn er im Kronenbereich der Bäume klettert. Dann könnte man ihn für einen Baumläufer oder Kleiber halten, dem er auch in der Größe nahe kommt. Im frühen Frühjahr lassen sich Kleinspechte besser entdecken, wenn sie ihren Reviergesang hören lassen und trommeln. Im Winter fliegen sie manchmal in umherstreifenden Meisentrupps mit. Gut zu sehen bekommt man den Kleinspecht jedoch nur sehr selten.

Eine imposante Gestalt und gleichzeitig der größte europäische Specht ist der **Schwarzspecht**. Er brütet in Nadel-, Misch- und Buchenwäldern in alten Bäumen. Den Eingang zur Bruthöhle erkennt man am hochovalen Loch. Seine Anwesenheit verrät der Specht durch große Hacklöcher, deren Ränder durch Wegbrechen von Spänen unregelmäßig sind.

Der Buntspecht ist der häufigste Specht bei uns und deshalb viel besser zu beobachten als der Kleinspecht. Man sieht ihn nicht selten, wenn er bei der Jagd nach Insekten am Stamm oder an Ästen klettert.

Um Kleinspechte sehen zu können, ist Geduld notwendig. Manchmal entdeckt man sie beim Zimmern einer Bruthöhle, die meist an der Unterseite eines abgestorbenen Astes angelegt wird.

SEGLER UND SCHWALBEN

Trotz der Ähnlichkeit sind Segler und Schwalben nicht miteinander verwandt. Dennoch werden sie hier gemeinsam behandelt, denn sie zeigen ähnliche Verhaltensweisen.

Mauersegler gehören zu den unglaublichsten Vögeln weltweit. Sie sind herausragende „Flugmaschinen", die monatelang (sogar ein Jahr lang oder länger) in der Luft bleiben können und nur zum Brüten landen. Dann darf ein Segler aber nie auf dem Boden landen, denn mit seinen schwachen Füßchen, die recht weit hinten am Körper eingelenkt sind, und den langen Flügeln schafft er es oft nicht, sich wieder in die Luft zu erheben. Deshalb brüten Mauersegler in hohen Gebäuden, von wo aus sie gut starten können. Den Winter verbringen sie im tropischen Afrika. Ende April/Anfang Mai erscheinen die Mauersegler wieder bei uns, dann sieht man sie in oft großen Trupps über Gewässern und Feuchtgebieten Insekten jagen. Haben sie ihre Brutplätze in Städten und Dörfern bezogen, kann man all-

Mauersegler sind Flugkünstler. Sie verbringen fast ihr ganzes Leben in der Luft, wo sie ständig Fluginsekten jagen. Sie sind der Inbegriff von Sommer, wenn sie unter lauten, schrillen Schreien um die Hausecken sausen.

abendlich ihre rasanten Flugspiele und Verfolgungsjagden rund um die Häuser und durch die Straßenschluchten beobachten. Dabei äußern sie ihre charakteristischen hohen, schrillen Rufe.

Brutbeginn ist im Mai. Bei schlechtem Wetter verschwinden die Altvögel oft für Tage oder gar eine Woche, während die Jungen in eine Kältestarre verfallen, bis die Eltern zurückkommen und sie wieder füttern. Ein typischer Sommeraspekt sind die dunklen Sicheln der hoch am Himmel fliegenden und Insekten jagenden Mauersegler. Wenn sie dann Ende August plötzlich wieder verschwunden sind, ist das Stadtleben ein bedeutendes Stück ärmer geworden.

Von den Schwalben hat die **Mehlschwalbe** am ehesten den Lebensraum Stadt besiedelt. Während die Art ursprünglich in Höhlungen an steilen Felsen und Klippen brütete, bauen die Vögel heute ihre Nester an die Außenseite von Gebäuden. Die Mehlschwalben erscheinen Ende April aus dem Winterquartier, besetzen einen Brutplatz und

Mehlschwalben bauen ein bis auf den Einschlupf geschlossenes Nest aus kleinen Lehmklümpchen meist direkt unter Dächern.

verschwinden dann oft wieder für einige Zeit, um an einem nahe gelegenen Gewässer Nahrung zu suchen. Dann erst bessern sie ihre alten Nester aus oder ersetzen sie, indem sie aus Lehmkügelchen eine neue Viertelkugel fertigen. Sie beziehen auch künstliche Schwalbennester, was wichtig ist, wenn sie keinen Lehm für den Nestbau finden. Es macht Freude, ihnen beim Füttern der Jungen zuzusehen, wenn sie hin zum Nest und wieder wegfliegen – auch wenn sie uns mit ihren lauten Rufen schon recht früh aufwecken. An schönen Sommerabenden, manchmal auch noch im Herbst, kann man ihnen bei der Insektenjagd hoch am Himmel zuschauen.

Binnenländische **Uferschwalben** sind heute Bewohner von Sand- und Kiesgruben. Früher brüteten sie an Steilufern von Flüssen und Bächen. Sie brauchen zur Anlage ihres Nestes eine

TIPP

Schwalben als Wetterkünder
Laue Sommerabende sind gut geeignet, Schwalben bei der Insektenjagd zuzuschauen. Da sie sich dort aufhalten, wo die Insekten fliegen, können sie das Wetter „vorhersagen": Wenn sie hoch fliegen, wird es am nächsten Tag schön; fliegen sie niedrig, ist ein Tiefdruckgebiet nicht mehr weit.

Steilwand, in die sie eine bis zu einem Meter lange Röhre graben. Uferschwalben, unsere kleinsten Schwalben, kommen relativ früh, oft Mitte März, aus dem Winterquartier zurück. Wie alle Schwalben jagen sie über dem Wasser ihre Insektennahrung. In einer Kolonie lassen sich viele interessante Beobachtungen machen, etwa die Fütterung der Jungen.

Uferschwalben sind gesellige Vögel, die kolonieweise in Steilwänden an Flüssen und in Sandgruben nisten. Sie sind bei uns die kleinsten Schwalben.

Die **Rauchschwalbe** ist nicht nur ein Sommerkünder, sondern einer unserer beliebtesten Vögel. Ihr anmutiger Flug und die Tatsache, dass sie innerhalb von Gebäuden brütet (vor allem innerhalb von Ställen), hat dazu beigetragen. Rauchschwalben jagen im Allgemeinen nicht so hoch wie Mehl- und Uferschwalben, und häufig kann man sie beobachten, wenn sie Insekten nahe bei Weidetieren fangen. Im Herbst sammeln sich die Schwalben oft in großen Schwärmen, bevor sie in ihre Winterquartiere aufbrechen. Dann sitzen sie wie Perlen einer Kette auf Leitungsdrähten und erfüllen die Luft mit ihren Kontaktrufen.

Bevor Rauchschwalben (unten) und Mehlschwalben (oben) nach Südafrika ziehen, sammeln sie sich auf Leitungen in großen Schwärmen, wo sie ihre zwitschernden Rufe hören lassen.

LERCHEN, PIEPER UND STELZEN

Von diesen drei Vogelgruppen sind zwei nicht näher miteinander verwandt (Lerchen und Pieper), obwohl sie sich stark ähneln; zwei sind verwandt (Pieper und Stelzen), erscheinen aber auf den ersten Blick recht unterschiedlich. Erst beim näheren Hinsehen werden Ähnlichkeiten in Körperbau und Verhalten deutlich.

Von den vier **Lerchenarten**, die man in Mitteleuropa antreffen kann, sind drei Arten Brutvögel und eine Art ist Wintergast. Die häufigste unter ihnen ist die **Feldlerche**, einer der bekanntesten Vögel, deren Bestandszahlen aber in den letzten Jahren bedenklich abgenommen haben. Trotzdem ist sie in der strukturreichen Feldflur noch weit verbreitet. Sie besiedelt so unterschiedliche Lebensräume wie Kulturland des Tieflands über Heidegebiete bis zu baumlosen Hochflächen im Gebirge. Bekannt ist die Feldlerche für ihre außergewöhnlichen Singflüge, bei denen sie manchmal so hoch aufsteigt, dass man sie kaum mehr sieht. Dabei singt sie ununterbrochen ihre trillernden, rollenden und flötenden Strophen, am Ende lässt sie sich zur Erde fallen. Sie landet meist etwas vom Nest entfernt und legt die Strecke zum Nest zu Fuß laufend zurück. Dadurch verrät sie den Standort nicht. Außerhalb der Brutzeit suchen Feldlerchen in großen Trupps auf Stoppelfeldern nach Nahrung. „Unsere" Feldlerchen ziehen im Winter nach Süd- und Westeuropa.

Die **Heidelerche** ist, wie ihr Name schon sagt, ein Vogel der sandigen Heiden mit niedrigen Kiefern und Wald-

Das Lied der Feldlerche ist nicht nur von vielen Dichtern gepriesen worden, sondern es diente den Bauern auch als Wettervorhersage. So soll schönes Wetter folgen, wenn die Lerche trillernd in die Luft steigt, am nächsten Tag aber Regenwetter folgen, wenn sie am Boden bleibt.

Der Gesang der Heidelerche ist zwar weniger bekannt, aber noch abwechslungsreicher und stimmungsvoller als der der Feldlerche.

randnähe. Während sie bei uns nur noch selten brütet, hat sie in Großbritannien durch die Umwandlung vieler geschlossener Wälder in Heideflächen in den letzten Jahren zugenommen. Ihren bemerkenswerten Gesang, in dem sie eine bestimmte Strophenfolge in immer der gleichen Reihenfolge wiederholt, trägt sie meist von einer Busch- oder Baumspitze vor.

Die **Ohrenlerche** besucht uns nur im Winter. Dann sieht man sie auf Strand- und Salzwiesen sowie auf Feldern an der Küste von Nord- und Ostsee nach Nahrung suchen. Sie bildet lockere Trupps, in denen oft Feldlerchen, Schnee- und Spornammern mitfliegen.

Die **Pieper** bewohnen eine Vielzahl an Lebensräumen. Der **Wiesenpieper** ist sehr anpassungsfähig und vielseitig in der Wahl des Lebensraums. Er besiedelt Moore, Heiden und feuchte Wiesen. Den Winter verbringen die meisten Wiesenpieper auf den Britischen Inseln, wo sie an der Küste nicht selten für Verwirrung sorgen, wenn sie gemeinsam mit dem **Strandpieper** auftreten. Diese Art trifft man in Mitteleuropa nur im Winter an der Nordseeküste an. Strandpieper suchen an steinigeren Bereichen nach Nahrung. Der **Baumpieper** ist eher ein Vogel der Heidegebiete, Moore und Waldränder. Von einer Baumspitze aus startet er zu seinem Singflug und gleitet dann auf fallschirmartig gehaltenen Flügeln und nach oben gefächertem Schwanz zur Baumspitze zurück. Ein Brutvogel der Alpen und weniger Mittelgebirge ist der **Bergpieper**. Er ist der einzige Singvogel, der in nordwärts gelegene Winterquartiere zieht – vom Alpenvorland bis an Flüsse und Seen in der Norddeutschen Tiefebene. Alle Pieper sind sehr gesellig und suchen oft in lockeren Trupps Nahrung.

Oft nur als „kleiner brauner Vogel" abgetan, ist der Wiesenpieper hübsch anzuschauen. Im Frühjahr unternehmen die Männchen Singflüge, indem sie nach steilem, flatterndem Aufstieg fallschirmartig abwärts gleiten.

Die Bachstelze ist ein typischer Vogel der Siedlungen. Oft sucht sie auf Gartenwegen und auf dem Rasen nach Nahrung.

Von den drei Stelzenarten ist die **Bachstelze** bei weitem die verbreitetste und anpassungsfähigste. Sie scheint Beton und Teer zu lieben, denn oft ist sie der einzige Vogel, der in diesem wenig attraktiven „Lebensraum" mit dem Schwanz wippend Insekten aufpickt. Als Kulturfolger hat die Bachstelze Einzug in Dörfer und Städte gehalten. Dort brütet sie in Gärten, Parks, in Bäumen mitten in einem Stadtplatz oder Einkaufszentrum sowie an Gebäuden oder Fabriken.

    Schafstelze und **Gebirgsstelze** sind auf den ersten Blick wegen des vielen Gelb in ihrem Gefieder leicht zu verwechseln. Allerdings unterscheiden sie sich in der Gestalt, vor allem ist die Gebirgsstelze viel langschwänziger. Die Schafstelze ist ein Sommervogel, der Moore, Heideflächen oder Feuchtflächen im Flachland besiedelt. Die Gebirgsstelze ist in Mitteleuropa Teilzieher. Ihr Lebensraum sind Fließgewässer wie Flüsse oder Bäche in Waldlandschaften, im Winter trifft man sie auch an den Ufern von Seen und Teichen.

Die Gebirgsstelze liebt Wassernähe. Meist hält sie sich an rasch fließenden Gewässern in bergiger Landschaft auf. Im selben Lebensraum trifft man auch die Wasseramsel. Ihr Nest legt die Gebirgsstelze in Höhlungen an, oft in Felsspalten oder in Steinbrücken über Bächen oder Flüssen. Wie die Schafstelze sucht sie mit dem Kopf nickend und mit dem Schwanz wippend Nahrung.

Diese Gebirgsstelze attackiert ihr Spiegelbild in einem zu Versuchszwecken angebrachten Spiegel. Sie hält es für einen Rivalen, der in ihr Revier eingedrungen ist.

DROSSELN

Diese Vogelgruppe enthält ein Dutzend unterschiedlich bekannter Arten, davon sechs „echte" Drosseln und sechs weitere kleinere Drosseln, die auch als Erdsänger bezeichnet werden.

Die bekannteste der „echten" **Drosseln** und bei uns einer der häufigsten Vögel überhaupt ist sicherlich die **Amsel**. Ursprünglich ein Bewohner dichter, unterwuchsreicher Wälder, hat sie – bis auf Hochlagen, wo sie von der Ringdrossel vertreten wird – fast alle Lebensräume erobert. Dank ihrer Anpassungsfähigkeit trifft man sie selbst mitten in Großstädten an. Dort brütet sie in Gärten und auf Balkonen. Schon früh im Jahr hört man den melodischen, flötenden Gesang der Männchen oder ärgerlich ratternde Rufe, mit denen sie Rivalen zu vertreiben versuchen. Amseln sind sehr territorial. Die Männchen singen auch noch weiter, wenn sie bereits Junge füttern. Die Weibchen sind weniger auffällig gefärbt und zeigen ein zurückhalterenderes Verhalten.

Die Ringdrossel vertritt die Amsel ökologisch gesehen in den Alpen und Hochlagen. In einem Lebensraum ohne Bäumen singen die Männchen von hohen Felsbrocken. Zur Nahrungssuche hüpfen sie in Amselmanier am Boden.

Die **Ringdrossel** ist, wie bereits erwähnt, die „Amsel der Berge" und kommt bei uns in den Alpen vor. Dort bewohnt sie felsige Abhänge und die Latschenregion. Wie die Amsel kleistert auch das Ringdrossel-Weibchen die Nestmulde mit einer Schicht feuchter Erde aus, bevor es den Napf auspolstert. Die Ringdrossel ist Sommervogel, und manchmal kann man zu den Zugzeiten nordeuropäische Ringdrosseln bei uns beobachten. Wie die Amsel ein guter Sänger, trägt sie ihre Strophen meist von der Spitze eines Busches oder Felsens vor.

Misteldrossel und Singdrossel werden oft miteinander verwechselt, doch die Größe und Gefiedermerkmale unterscheiden sie. Auch zeigen sie unterschiedliches Verhalten. Die Singdrossel lebt bevorzugt in Laub- und Mischwäldern, auch in der Kulturlandschaft mit Waldinseln, Parks und Gärten mit Bäumen, wo sie häufig auf der Spitze eines Baumes singt. Die Misteldrossel lebt eher in lichtem Nadelwald mit angrenzenden Wiesenflächen; neuerdings besiedelt sie zunehmend auch Parks und Gärten mit älteren Bäumen. Sie singt auch vor und sogar während schlechtem Wetter. Außerhalb der Brutsaison schließen sich Misteldrosseln oft zu Trupps zusammen und suchen auf offenen Wiesenflächen Nahrung; häufig rufen sie dabei schnarrend. Im Winter verteidigen sie nicht selten Misteln auf hohen Bäumen gegen alle anderen Vögel. Singdrosseln sind Zugvögel, die den Winter im Mittelmeerraum verbringen.

Die **Wacholderdrossel** ist erst Mitte des 19. Jahrhunderts nach Mitteleuropa eingewandert. Heute gehört sie zu den regelmäßigen Brutvögeln in lockeren Wäldern, Feldgehölzen, Parks und Gärten, selbst mitten in der Großstadt. Wacholderdrosseln sind recht gesellige Vögel, die mitunter auch in kleinen Kolonien brüten. Im Winter sammeln sie sich oft in größeren Schwärmen, wobei sie Verstärkung von nord- und osteuropäischen Brutvögeln bekommen. Dann können sich auch einige **Rotdrosseln** untermischen, die in Nordeuropa brüten und in Mitteleuropa auf dem Durchzug zu sehen und an ihren hohen Rufen zu erkennen sind.

Die beiden einander recht ähnlichen Arten **Braunkehlchen** und **Schwarzkehlchen** gehören zu den **Erdsängern**. Sie bewohnen unterschiedliche Le-

Braunkehlchen sind Langstreckenzieher, ihre Winterquartiere liegen in Afrika südlich der Sahara. Man entdeckt sie oft, wenn sie auf niedrigen Warten wie vertrockneten Hochstauden, Buschspitzen oder kleinen Pfosten stehen. Dort tragen die Männchen ihr kratziges Liedchen vor.

bensräume. Braunkehlchen trifft man zur Brutzeit in feuchtem Offenland an wie in Niedermooren, Heiden und Verlandungsflächen, im Gebirge auch in Zwergstrauchheiden. Das Schwarzkehlchen mag trockenere Lebensräume wie mit Ginster bestandene Heiden oder Hochmoore, brütet aber auch auf extensiv bewirtschafteten Wiesen. Während die Braunkehlchen als Langstreckenzieher bis nach Afrika südlich der Sahara ziehen, verbringen die Schwarzkehlchen den Winter im Mittelmeerraum. Beide Arten sind selten geworden.

Nah verwandt ist der **Steinschmätzer**, ebenfalls ein Zugvogel, der in Mitteleuropa im April aus dem Winterquartier erscheint. Seine Heimat sind Heiden und Moore, in den Alpen mit Felsen durchsetzte Matten. Darauf spielt sein deutscher Name an. Auf dem Zug trifft man ihn meist auf Wiesen an. Ein Kennzeichen der Art ist der leuchtend weiße Bürzel, der besonders im Flug aufleuchtet.

Der Name zweier weiterer Drosselverwandter bezieht sich auf ihr Aussehen: Garten- und Hausrotschwanz haben in der Tat einen roten Schwanz. Der **Gartenrotschwanz** ist Sommervogel.

Der Hausrotschwanz ist heute ein typischer Vogel der Kulturlandschaft. Er legt seine Nester gern in Halbhöhlen in Mauernischen oder unter Dachvorsprüngen an. Ihren neuen Lebensraum haben die ursprünglichen Felsbewohner erst im 19. Jahrhundert erobert.

Der seltene Gartenrotschwanz ist vor allem in alten Laub- und Mischwäldern zu Hause. Im Gegensatz zum Hausrotschwanz brüten die Vögel in Höhlen.

Er bewohnt vor allem alte Laub- und Mischwälder, bezieht aber auch Höhlen in alten Bäumen in Parks, Gärten und Friedhöfen sowie in den Randbereichen von Siedlungen. Oft ist sein Gesang das Einzige, was man von diesem scheuen Vogel mitbekommt. Die Männchen sind gute Spötter und bauen häufig in ihren Gesang die Stimmen anderer Vogelarten ein. Auf dem Zug hält sich der Gartenrotschwanz, wie alle seine Verwandten, in ganz unterschiedlichen Lebensräumen auf. Deutlich häufiger ist der **Hausrotschwanz**. Ursprünglich ein Vogel trockener Gebirge und Felslandschaften, hat er die Häuserschluchten in Städten und Dörfern in Besitz genommen. Dort lassen die Männchen von einer Antenne oder dem Hausdach aus ihr knirschendes, kratziges Liedchen ertönen. Im Gegensatz zum Gartenrotschwanz, der Höhlenbrüter ist, nistet der Hausrotschwanz in Halbhöhlen. Als Kurzstreckenzieher überwintert er im Mittelmeerraum.

Den Abschluss der Gruppe „Erdsänger" bilden die Sangeskünstler schlechthin, **Nachtigall** und **Sprosser**. Durch ihren wundervollen Gesang hat vor allem die Nachtigall Eingang in viele Gedichte und Musikstücke erhalten. Während die Strophen lautstark an unsere Ohren dringen – häufig auch in der Nacht –, sind die scheuen Vögel mit ihrem erdbraunen Gefieder meist im dichten Gezweig hervorragend getarnt und kaum zu Gesicht zu bekommen. Wie bei allen Singvögeln behaupten die Männchen ihr Revier durch Gesang und locken so auch Weibchen an, die erst einige Zeit nach ihnen aus dem afrikanischen Winterquartier ankommen.

TIPP

Singende Drosseln
Unter den Drosseln finden wir unsere besten Sänger im Vogelreich. Und oft tragen sie ihre melodischen Strophen von exponierten Warten wie Baumspitzen vor. Die Unterschiede im Gesang von Amsel, Sing- und Misteldrossel zu lernen, ist ein guter Einstieg in die Vogelkunde.

Hat man den Gesang der Nachtigall einmal gehört, wird man ihn so schnell nicht wieder vergessen. Auch wenn die Vögel überwiegend in der Nacht und morgens singen, kann man sie vor allem im Frühjahr kurz nach ihrer Ankunft aus dem Winterquartier häufig auch tagsüber hören.

ROTKEHLCHEN, HECKENBRAUNELLE UND ZAUNKÖNIG

Diese drei bekannten Gartenvogelarten gehören zu unseren häufigsten Vögeln. Für den Einsteiger in die Vogelbeobachtung liefern sie viele Einblicke in ihr Leben und in ihr Verhalten – und das oft bequem vom Fenster aus.

Das **Rotkehlchen**, eine kleine Drossel, ist sicher wegen seiner großen, dunklen Augen in einem großen Kopf besonders beliebt. Die Wenigsten von uns wissen, dass Rotkehlchen sehr zänkisch sind und dass manche Männchen einen Rivalen aufs Äußerste attackieren, sogar bis zum Tod. Rotkehlchen legen ihre Nester in einer Vielzahl von Standorten an und beziehen auch so ausgefallene wie Spülkästen in Toiletten, Motorhauben oder Abflussrohre. Nistkästen nehmen sie ebenfalls an. Kurz nach dem Ausfliegen sehen die Jungen ihren rotbrüstigen Eltern noch nicht sehr ähnlich. Ein Teil unserer Rotkehlchen zieht im Herbst in den Mittelmeerraum. Sie werden ersetzt durch Zuzügler aus dem Norden. Häufig kann man sie dann an Fütterungen beobachten. Das Rotkehlchen ist eine der wenigen Vogelarten, die man das

Das Rotkehlchen ist sicher einer der bekanntesten und beliebtesten Gartenvögel – trotz seines zänkischen Wesens. Hinter seiner freundlichen Erscheinung verbirgt sich eine kämpferische Natur.

ganze Jahr über singen hören kann – auch sehr spät abends, weshalb es bereits mit Nachtigallen verwechselt wurde.

Bei den **Heckenbraunellen** lässt das Männchen sein Weibchen nicht mehr aus den Augen, um zu verhindern, dass es sich mit einem Rivalen paart. Es soll sogar deren Samen mit dem Schnabel aus der Kloake des Weibchens entfernen. Seinerseits ist es oft polygam (hat mehrere Weibchen) und verbringt die meiste Zeit damit, sein Revier singend zu verteidigen. Das sind die wenigen Momente, wo man eine Heckenbraunelle außerhalb eines Dickichts beobachten kann. Ansonsten huschen die Vögel bei der Nahrungssuche mausähnlich über den Boden.

Auch der **Zaunkönig** ist ein sehr territorialer Vogel und wie bei der Heckenbraunelle lässt sich auch das Zaunkönig-Männchen gut beim Singen beobachten. Für die geringe Größe ist der Gesang sehr laut! Die Männchen müssen ihren „pingeligen" Weibchen mehrere Nester zur Auswahl anbieten, bevor diese eines davon als Brutnest auswählen und fertig stellen. Der kugelige Bau aus Moos mit weicher Innenpolsterung befindet sich oft im Wurzelteller eines umgefallenen Baumes, in Mauerlöchern oder hinter Fassadenbegrünung. Außerhalb der Brutzeit verhalten sich Zaunkönige bei der Nahrungssuche sehr unauffällig. In harten, kalten Wintern versammeln sich mitunter mehrere von ihnen in einem Nistkasten, wo sie sich eng aneinander gekuschelt gegenseitig wärmen.

Heckenbraunellen übersieht man oft. Man achte auf unscheinbare, sperlingsartig braune Vögel, die am Fuß eines Baumes oder unter einer Hecke nach Insekten oder Samen suchen.

Wie die Heckenbraunelle wird auch der Zaunkönig oft übersehen, wenn er wie eine Maus und häufig mit steil aufgerichtetem Schwanz in bodennahem Gestrüpp umherhuscht. Dafür ist er mit seinem schmetternden und trillernden Gesang kaum zu überhören.

ZWEIGSÄNGER

In Mitteleuropa leben 22 Arten von Zweigsängern. Sie werden aufgeteilt in Schwirle, Rohrsänger, Spötter, Grasmücken und Laubsänger. Die ähnlichen Goldhähnchen gehören einer eigenen Familie an, werden aber hier mit behandelt.

Der Teichrohrsänger ist ein Langstreckenzieher, der die Strecke zwischen Brutgebiet und Afrika südlich der Sahara in wenigen langen Etappen zurücklegt.

Rohrsänger

Dazu gehören acht Arten, die sich während der Brutzeit vor allem in Feuchtländereien aufhalten. Allerdings unterscheidet sich der Brutlebensraum von Art zu Art. Die klassische „Schilfart" ist der **Teichrohrsänger**, in Mitteleuropa der häufigste Rohrsänger. Im Halmenmeer legt der Vogel sein Nest an, indem er Schilfblätter um die Stängel schlingt. Sein knarrender, mechanisch klingender Gesang ertönt ab Mai, wobei man den Vogel kaum zu sehen bekommt – ganz besonders bei windigem Wetter, wenn er sich am Grund des Schilfs aufhält.

Der **Schilfrohrsänger** bewohnt ebenfalls Schilfflächen, allerdings sind sie meist mit Büschen durchsetzt. Im Gegensatz zum Teichrohrsänger steht er beim Singen eher frei auf einer Schilfrispe. Im Frühjahr zeigen die Männchen ihre auffälligen Singflüge, die sie mit fallschirmartigem Gleiten zum Ausgangspunkt beenden.

Auch den **Sumpfrohrsänger** kann man im Schilf beobachten; häufiger kommt er aber in Hochstaudenfluren oder feuchtem Gebüsch in Wassernähe vor. Der Gesang dieser Imitationskünstler enthält überwiegend Motive anderer Vogelarten – darunter viele von afrikanischen Arten aus ihren Winterquartieren.

Der **Feldschwirl** hat seinen Namen von seinem monoton schwirrenden Gesang, der dem einer Grille ähnelt. Er brütet in Feuchtgebieten mit Hochstauden oder in feuchtem Gebüsch; wie der Sumpfrohrsänger bewohnt er aber auch weniger nasse Lebensräume und ist dann sogar auf niedrig bewachsenen Lichtungen nach einem Kahlschlag anzutreffen. Sein Gesang ertönt meist in der Dämmerung und nachts. Obwohl er nicht leicht auszumachen ist, kann man recht nah an ihn herankommen, hat

---

TIPP

Zweigsänger unterscheiden
Die zumeist unscheinbar gefärbten und versteckt lebenden Zweigsänger lassen sich am besten anhand einer Kombination von Lebensraum, Gesang und Verhalten bestimmen. Jedes Frühjahr sollte man sich erneut mit ihren Stimmen vertraut machen, um die Arten besser unterscheiden zu können.

man ihn einmal entdeckt. Erst im letzten Jahrhundert hat sich der **Schlagschwirl** von Osten kommend ins westliche Mitteleuropa ausgebreitet. Im Vergleich zum Feldschwirl lässt er seinen wetzenden Gesang meist auf einer höher gelegenen Warte hören.

Grasmücken

Zu dieser Gruppe gehören große Zweigsänger der Gattung *Sylvia*, deren Verbreitungsschwerpunkt im Mittelmeerraum liegt. In Mitteleuropa brüten fünf Arten. Die häufigste davon ist vermutlich die **Mönchsgrasmücke**, benannt nach der schwarzen Kopfplatte des Männchens. Die Vögel sind Zugvögel, die den Winter im Mittelmeerraum und in Nordafrika verbringen. Seit einiger Zeit ist ein großer Teil unserer Brutvögel dazu übergegangen, in England zu überwintern. Die Mönchsgrasmücke ist ein Vogel unterholzreicher Wälder, hat aber auch Parks und Friedhöfe und sogar Gärten mit Hecken und Büschen inmitten von Städten erobert. Ihr schöner Gesang ist leicht zu verwechseln mit dem der **Gartengrasmücke**. Fortgeschrittene Vogelbeobachter erkennen die Gartengrasmücke aber an ihren plaudernden, weniger flötenden Strophen. Trotz ihres Namens kommt diese Art

Die Mönchsgrasmücke gehört zu den häufigsten Singvögeln in Wäldern, Parks und Gärten. Ab April bezaubert sie uns mit ihrer eindrucksvollen Stimme; die flötenden, melodischen Strophen erinnern an den Gesang der Nachtigall, sind aber weniger laut und abwechslungsreich.

Die ziemlich scheue und unscheinbare Gartengrasmücke wird meist übersehen. Ihr Gesang ist schneller und einheitlicher als der der Mönchsgrasmücke, wird aber von vielen Menschen als ähnlich empfunden. Für Verwirrung sorgt sie, wenn sie die Mönchsgrasmücke imitiert.

nicht so häufig in Gärten vor. Sie bevorzugt stattdessen dicht mit Büschen bewachsene Waldränder und feuchtes Uferdickicht.

Die **Dorngrasmücke** brütet in offener Landschaft mit Dornbüschen, auf Heideflächen, in Hecken, Parks und Feldgehölzen. Ihre kratzigen, hastigen Gesangsstrophen trägt sie entweder exponiert von einer Buschspitze oder im Singflug vor. Nach der Brutzeit frisst sie sich mit Beeren die nötigen Fettreserven für den langen Flug nach Afrika südlich der Sahara an.

Die recht ähnlich aussehende **Klappergrasmücke** verhält sich viel heimlicher als die Dorngrasmücke. Ihre Anwesenheit bemerkt man oft nur durch ihren laut klappernden Gesang. Ihr Lebensraum sind mit Bäumen bestandene Parklandschaft, Schonungen, Feldgehölze, Friedhöfe oder Gärten.

Oft in Nachbarschaft zur Dorngrasmücke findet man die **Sperbergrasmücke**. Sie kommt bei uns fast nur in Nordostdeutschland vor. Ihren Namen hat sie von der kräftig quer gebänderten Unterseite des Männchens, die an den Sperber erinnert.

Laubsänger und Goldhähnchen

Alle **Laubsängerarten** sehen sich auf den ersten Blick sehr ähnlich. Nur mit guten Ferngläsern oder Fernrohren lassen sie sich unterscheiden, oder wenn man ihre Gesänge oder ihre unterschiedlichen Verhaltensweisen kennt.

Die Ähnlichkeit ist bei **Zilpzalp** und **Fitis** so groß, dass man sie als Zwillingsarten bezeichnet. Nur dem fortgeschrittenen Beobachter gelingt es, sie anhand von optischen Merkmalen zu

unterscheiden. Dafür sind ihre Stimmen verschieden: Während der Zilpzalp immer wieder seinen Namen singt, erinnert die Strophe des Fitis an die eines weichen, melancholischen Buchfinken. Im Lebensraum zeigen beide Arten ähnliche Präferenzen. Neben reich strukturierten Misch- und Laubwäldern bewohnen sie auch Parks und Gärten, der Fitis zusätzlich noch Heide- und Moorgebiete sowie Gebüsch an Gewässern. Außerhalb der Brutzeit halten sich beide Arten an ungewöhnlichen Orten auf, etwa an der Küste. Als Kurzstreckenzieher mit Überwinterungsgebiet im Mittelmeerraum erscheint der Zilpzalp im Frühjahr eher bei uns als der Fitis. Dieser überwintert im tropischen Süd- und Westafrika.

Der Fitis kehrt bei uns Mitte April aus seinen Winterquartieren im tropischen Afrika zurück. Dann hört man seine melancholischen Strophen in lichten Laub- und Mischwäldern, aber auch in Gärten mit Laubbäumen.

Der häufigste Laubsänger bei uns, der Zilpzalp, singt bereits ab März. Zu dieser Zeit ist er in den noch kahlen Bäumen gut zu beobachten. Der Gesang ist sehr einprägsam, denn der Vogel singt andauernd seinen Namen.

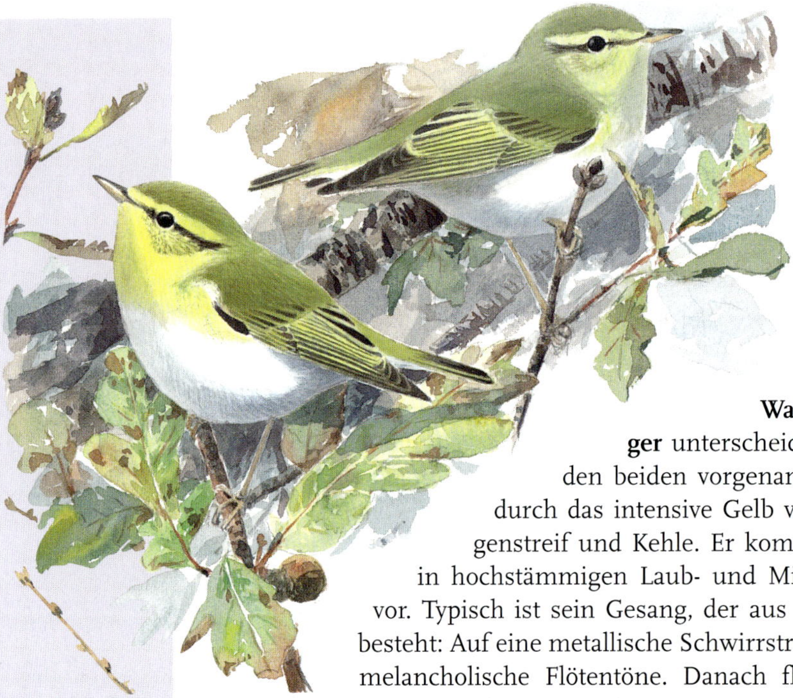

Der Waldlaubsänger ist der größte der häufigeren Laubsänger in Europa. Sein zweiteiliger Gesang erklingt von April bis Juni in hochstämmigen, unterwuchsarmen Laub- und Mischwäldern.

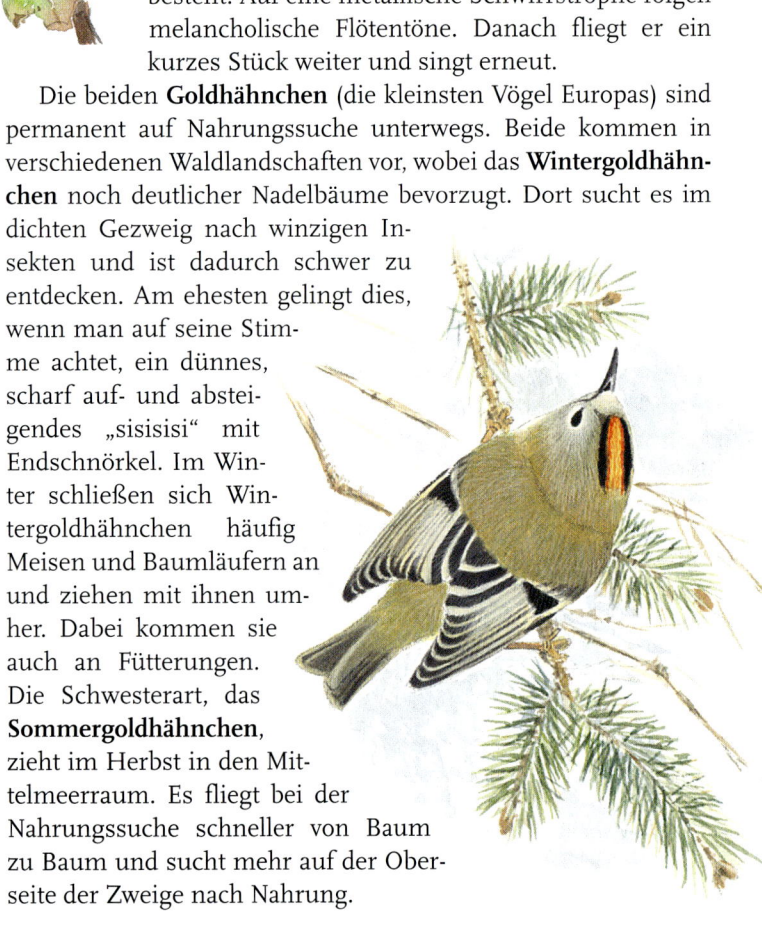

Der etwas größere **Waldlaubsänger** unterscheidet sich von den beiden vorgenannten Arten durch das intensive Gelb von Überaugenstreif und Kehle. Er kommt fast nur in hochstämmigen Laub- und Mischwäldern vor. Typisch ist sein Gesang, der aus zwei Teilen besteht: Auf eine metallische Schwirrstrophe folgen melancholische Flötentöne. Danach fliegt er ein kurzes Stück weiter und singt erneut.

Die beiden **Goldhähnchen** (die kleinsten Vögel Europas) sind permanent auf Nahrungssuche unterwegs. Beide kommen in verschiedenen Waldlandschaften vor, wobei das **Wintergoldhähnchen** noch deutlicher Nadelbäume bevorzugt. Dort sucht es im dichten Gezweig nach winzigen Insekten und ist dadurch schwer zu entdecken. Am ehesten gelingt dies, wenn man auf seine Stimme achtet, ein dünnes, scharf auf- und absteigendes „sisisisi“ mit Endschnörkel. Im Winter schließen sich Wintergoldhähnchen häufig Meisen und Baumläufern an und ziehen mit ihnen umher. Dabei kommen sie auch an Fütterungen. Die Schwesterart, das **Sommergoldhähnchen**, zieht im Herbst in den Mittelmeerraum. Es fliegt bei der Nahrungssuche schneller von Baum zu Baum und sucht mehr auf der Oberseite der Zweige nach Nahrung.

Das Wintergoldhähnchen ist neben seiner Zwillingsart, dem Sommergoldhähnchen, der kleinste Vogel Europas. Oft ist es wenig scheu und lässt den Beobachter recht nah herankommen.

SCHNÄPPER

In Mitteleuropa brüten vier Schnäpperarten. Alle sind Zugvögel.

Am weitesten verbreitet ist der **Grauschnäpper**. Er besiedelt lichte Laub- und Nadelwälder, Parks, Friedhöfe und Gärten. Wie alle Fliegenschnäpper hat er eine charakteristische Technik, um Fluginsekten zu fangen: Er startet von einer Warte, packt das Insekt mit dem Schnabel und kehrt zur Warte zurück. Gelegentlich stehen sie auch rüttelnd in der Luft, um ein sitzendes Insekt auszumachen. Als Langstreckenzieher kommen Grauschnäpper erst Anfang Mai aus dem südlichen Afrika im Brutgebiet an. Sie sind Halbhöhlenbrüter, die ihre Nester hinter abstehender Baumrinde und rankenden Pflanzen, in speziellen Nistkästen und auf Balken unter Dächern anlegen.

Der **Trauerschnäpper** ist dagegen ein Höhlenbrüter. Er nistet in ähnlichen Lebensräumen wie der Grauschnäpper. Wie dieser fängt er Insekten in einer eleganten Flugjagd, kehrt aber meist nicht zur gleichen Warte zurück. Zudem sitzt er weniger exponiert als der Grauschnäpper. Zwei weitere Schnäpper sind östliche Arten und bei uns selten: Der **Halbandschnäpper** brütet in Eichenwald und Streuobstgebieten. Im Aussehen unterscheidet er sich vom Trauerschnäpper durch das namengebende weiße Halsband. In alten feuchten Laubwäldern kommt der **Zwergschnäpper** vor. Mit seiner roten Brust erinnert das alte Männchen auf den ersten Blick an ein Rotkehlchen.

Der attraktive schwarz und weiß gefärbte Trauerschnäpper war aus Mangel an natürlichen Höhlen in unseren Wäldern recht selten geworden. Durch das Angebot von Nistkästen konnte man den Rückgang dieser Art wirkungsvoll stoppen. Im Bild links ist ein Weibchen zu sehen, rechts ein Männchen.

MEISEN, KLEIBER UND BAUMLÄUFER

Die Angehörigen dieser Waldvogel-Gruppe leben oft in direkter Nachbarschaft, besonders in den Herbst- und Wintermonaten, wenn sie sich zu gemischten Trupps zusammenschließen und auf Nahrungssuche umherstreifen. In dieser Zeit scheint der Wald oft „ausgestorben" zu sein – bis wir ein paar feine, hohe Wisperlaute wahrnehmen, mit denen die Vögel Kontakt untereinander halten und ihren Truppgenossen neu entdeckte Nahrungsquellen mitteilen.

In Mitteleuropa leben sechs verschiedene Arten von **Meisen**, eine weitere, die Beutelmeise, ist mit den Meisen nah verwandt. Zu den „echten" Meisen gehören beliebte Gartenvögel wie die **Kohl-** und **Blaumeisen**, die häufig in unsere Gärten kommen, um Nahrung zu suchen oder dort in Nistkästen zu brüten. Ihr munteres Wesen erfreut viele Eigenheimbesitzer ebenso wie Bewohner von Etagenwohnungen, die ein paar Meisenknödel vor das Fenster gehängt haben. **Tannenmeisen**, die kleinsten heimischen Meisen, besuchen hingegen nur Futterstellen in Waldnähe. Sie sind weniger robust als Blau- und Kohlmeisen und ziehen bei Streitigkeiten mit ihnen meist den kürzeren.

Die Sumpfmeise ist im Gegensatz zu ihrem deutschen Artnamen ein Vogel der Laubwäldern. Dort nistet sie gern in ausgefaulten Astlöchern.

Außerhalb der Gärten trifft man alle drei Arten in Mischwald an, wobei die Tannenmeise eine Vorliebe für Nadelbäume hat. In den Wäldern und Gehölzen leben auch **Sumpf**- und **Weidenmeise**, die sich zum Verwechseln ähnlich sehen. Sumpfmeisen sind Laubwaldvögel, die auch in Gärten und an Futterstellen kommen, während die Weidenmeise feuchte Wälder und Wassernähe schätzt. Alle „echten" Meisen sind Höhlenbrüter. Im Winter ziehen sie oft in gemischten Meisentrupps umher.

Die **Haubenmeise**, ein reiner Nadelwaldbewohner, kommt auch in den artenarmen Kiefernwäldern zurecht. Sonst verhält

Von den heimischen Waldmeisen ist die standorttreue Haubenmeise am seltensten; sie ist stark an Nadelwald angepasst, wo sie bis zur Baumgrenze vorkommt. In den artenarmen Kiefernwäldern ist sie nicht selten die einzige Meisenart.

sie sich ähnlich den anderen Meisen, sucht aber wie die Tannenmeise nur in Waldnähe gelegene Futterstellen auf.

Eine weitere Art, die **Schwanzmeise**, gehört in eine eigene Familie, entspricht aber in ihrem Verhalten den „echten" Meisen und besucht auch Futterstellen. Schwanzmeisen sieht man oft in Familientrupps von bis zu einem Dutzend Vögeln auf Nahrungssuche im Gezweig klettern. Wenn man sich ruhig verhält, kommen die „Pfannenstielchen" nicht selten nah herbei. Im Gegensatz zu den echten Meisen bauen sie sehr kunstvolle Freinester vor allem aus Moos und Flechten.

Die letzte „Meise" Mitteleuropas ist in Wirklichkeit Mitglied einer tropischen Singvogelfamilie, der Timalien: Die **Bartmeise** bewohnt ausgedehnte Schilfflächen, wo sie im Halmengewirr knapp über dem Grund ein tiefmuldiges Nest baut. Man entdeckt sie gewöhnlich anhand der metallischen „dsching"-Rufe. An windstillen Tagen klettern die Vögel manchmal an den Halmen empor und zeigen sich frei; bei windigem Wetter hat man nur geringe Chancen, sie zu Gesicht zu bekommen.

Kleiber und Verwandte können als einzige Vögel stammaufwärts und mit dem Kopf nach unten stammabwärts klettern. Dazu benützen sie ihre kräftigen Füße und Zehen. In Aussehen und Verhalten – Klettern an Stämmen, Nisten in Baumhöhlen – erinnert der Kleiber an einen Specht, daher der volkstümliche Name „Spechtmeise".

Baumläufer sieht man oft zusammen mit Meisen und Kleibern, was besonders für den **Waldbaumläufer** zutrifft, der überwiegend Nadelwald bewohnt. Der nah verwandte **Gartenbaumläufer** klettert vor allem an Laubbäumen mit grober Rinde. Beide hüpfen zur Nahrungssuche in kleinen Sprüngen ruckartig an Baumstämmen und Ästen, um in der Rinde verborgene Insekten aufzuspüren. Sie klettern stets in Spiralen aufwärts und erscheinen dann immer wieder an der Vorderseite des Baumstammes.

Wie ein kleines Nagetier rutscht der Waldbaumläufer auf Nahrungssuche spiralförmig an Baumstämmen hoch. Er sucht häufig auch an starken Ästen nach Insekten, die sich in der Rinde verbergen.

WÜRGER

In Mitteleuropa leben vier Arten von Würgern, wobei zwei von ihnen sehr selten sind und eine, der **Schwarzstirnwürger**, in Deutschland bereits ausgestorben ist. Weitaus am häufigsten ist bei uns der **Neuntöter**, auch Dorndreher oder Rotrückenwürger genannt. Er lebt in offener, dornbuschreicher Landschaft und spießt wie alle Würger bei Nahrungsüberschuss Beutetiere auf Dornen und Stacheldraht auf. Häufig steht der Würger in aufrechter Haltung auf einer Buschspitze, einem Pfosten oder Leitungsdraht und lauert auf Insekten, Jungvögel oder kleine Mäuse, die er am Boden oder in der Luft ergreift; nicht selten rüttelt er kurz vor dem Zustoßen. Weitaus seltener und in vielen Gegenden Mitteleuropas verschwunden ist der **Raubwürger**. Er brütet in Mooren und Heidegebieten, außerdem in Obstgärten und Heckenlandschaften. Der große Würger ernährt sich vor allem von Großinsekten, im Winter erbeutet er Mäuse und Kleinvögel. Oft steht er auf einer hohen Baumspitze und beobachtet die Umgebung. Im südlichen und östlichen Mitteleuropa brütet der **Rotkopfwürger**. In Deutschland ist er sehr selten. Auch er besiedelt offene Landschaft mit Büschen und Feldgehölzen. Seine Hauptbeutetiere sind Käfer und Hummeln.

Der Raubwürger tritt in vielen Gegenden Mitteleuropas nur noch als seltener Wintergast auf. Meist steht er auf einem hoch gelegenen Ansitz, etwa einer Baumspitze, und hält Ausschau nach Kleinvögeln und Mäusen, von denen er sich im Winter ernährt.

Der Neuntöter erlitt ab den 1950er-Jahren gebietsweise in Mitteleuropa dramatische Bestandseinbrüche, die mancherorts zum völligen Erlöschen der Bestände führten. Heute haben sich viele Populationen wieder deutlich erholt, auch wenn die früheren Zahlen kaum wieder erreicht werden konnten.

STARE

Einer der bis vor kurzem häufigsten Vögel Mitteleuropas ist der **Star**. Zur Balzzeit singen die Männchen auf Warten in Bäumen oder auf Dächern von Nistkästen und bieten dabei eine erstaunliche Vielfalt von Imitationen – von Vogelstimmen der Umgebung bis zur quietschenden Gartentür; seit neuestem ahmen Stare gebietsweise auch die Signaltöne von Mobiltelefonen nach.

Außerhalb der Brutzeit kommen nicht selten Trupps von Staren in die Gärten und Parks, um im kurzen Rasen nach Würmern und anderen Wirbellosen zu stochern. Besonders im Winter bilden die Trupps oft riesige Schwärme, bevor sie den gemeinsamen Schlafplatz aufsuchen. Vor ein paar Jahrzehnten gehörten diese Starenschwärme noch zum vertrauten Anblick auf dem Land und sogar in Städten. Inzwischen sind viele traditionelle Schlafplätze verwaist. Um die Schlafplatzflüge zu erleben, sollte man sich etwa eine Stunde vor Sonnenuntergang einfinden. Dann treffen die Starentrupps im „Minutentakt" ein und vereinigen sich schließlich zu einem Riesenschwarm, der sich nach ausgiebigen Flugmanövern zur Ruhe niederlässt.

Von unseren vertrauten Brutvögeln in Garten und Park besitzt der Star die besten Fähigkeiten zur Nachahmung von Stimmen und Geräuschen – neben der perfekten Wiedergabe von Stimmen anderer Vögel beherrscht er oft auch ein erstaunliches Spektrum von Geräuschen wie Alarmanlagen und Handy-Melodien.

KRÄHENVÖGEL

Von den acht in Mitteleuropa brütenden **Krähenvögeln** zeigt jede Art eine erstaunliche Vielfalt an Verhaltensweisen, die auf uns einsichtig und intelligent wirken.

Es gibt bei uns drei Arten von typischen, also großen und schwarzen Krähenvögeln. Die **Rabenkrähe** ist die „Standardkrähe". Sie zeigt in ihren Lebensraumansprüchen eine beeindruckende Anpassungsfähigkeit und ist in ihrer Ernährung alles andere als wählerisch. In Mitteleuropa kommt sie praktisch überall vor, allerdings wird sie östlich der Elbe von der nah verwandten **Nebelkrähe** ersetzt. Beide Formen, die auch als **Aaskrähe** zusammengefasst werden, trifft man in ganz verschiedenen Lebensräumen an – vom Hochmoor bis ins Gebirge und von aufgelockerten Wäldern und Kulturlandschaften bis in die Zentren von Großstädten. Sie schließen sich häufig zu Trupps zusammen und greifen dann sogar größere Greifvögel beherzt an.

Die **Saatkrähe** ist weniger ein Stadtvogel und auch nicht so draufgängerisch und vielseitig in ihrer Ernährung. Ihr Lebensraum sind abwechslungsreiche Kulturlandschaften mit Baumgruppen, in denen die Vögel gemeinschaftlich brüten. Da die Brutkolonien mit Lärm- und Kotbelästigung einhergehen, wurden die Vögel vielerorts aus den Dörfern vertrieben. Saatkrähen zeigen bei stürmischem Wetter Flugkapriolen und gelten daher als Wetterpropheten.

Der **Kolkrabe** ist eine stattliche Vogelgestalt mit glänzend schwarzem Gefieder und beeindruckend kräftigem Schnabel. Er ist heute in Mitteleuropa vorwiegend Gebirgsvogel, wo er seinen Horst in einer Felsnische oder in der Krone eines hohen Baums anlegt. Die gewandten Flie-

TIPP

Krähenverhalten
Krähen eignen sich zum Studium des Verhaltens der Vögel besonders gut, denn sie verfügen über ein hochentwickeltes Sozialverhalten und zeigen oft „intelligentes" Vorgehen bei Problemlösungen; zudem spielen sie gern mit Gegenständen und zeigen akrobatische Flugmanöver.

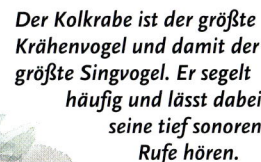

Unsere häufigste Krähe, die Rabenkrähe, bekommt man oft auf dem Land sowie in Dörfern und Städten zu sehen. Diese Vögel sind so erfolgreich, weil sie einfach alles fressen – vom alten Pausebrot im Schulhof bis zum Aas von Großtieren.

Der Kolkrabe ist der größte Krähenvogel und damit der größte Singvogel. Er segelt häufig und lässt dabei seine tief sonoren Rufe hören.

Dohlen haben ein hoch entwickeltes Sozialverhalten, das zu beobachten immer lohnenswert ist. Die Paare, die in Dauerehe leben, bleiben das ganze Jahr zusammen.

ger unternehmen Flugspiele und kreisen nicht selten wie Greifvögel am Himmel.

Zwei kleinere schwarze Krähenvögel, Dohle und Alpendohle, zeigen ebenfalls interessante Verhaltensweisen. Nicht selten sieht man **Dohlen** in Kulturland oder auf Rasenflächen in Anlagen. Im Winter treten sie in den Schwärmen der bedeutend größeren Saatkrähen auf; dort erkennt man sie auch von weitem an ihren typischen „kjak"-Rufen. Die schlankeren, langschwänzigeren **Alpendohlen** sind Vögel des Hochgebirges, wo sie oft in Schwärmen über Berggipfeln und Liftanlagen kreisen und zugeworfenes Brot geschickt auffangen. Mit ihrem leicht gebogenen, gelben Schnabel suchen Alpendohlen auf dem Boden nach Wirbellosen, Mäusen und Jungvögeln.

Die verbleibenden Arten der Familie Krähenvögel sind deutlich farbenprächtiger oder zumindest auffälliger gemustert. Der **Eichelhäher** ist ein bekannter, aber scheuer Waldvogel, der häufig in Gärten kommt, besonders im Herbst und Frühjahr. Der schokoladebraune, weißgetupfte **Tannenhäher** ist bei uns ein Vogel der Bergwälder, der sich von Baumsamen ernährt und im Herbst nicht selten die Haselsträucher in den Gärten der Täler aberntet. Die **Elster** hat einen schlechten Ruf, da sie wie viele andere Rabenvögel Eier und Junge von Singvögeln erbeutet. Doch wird ihre Bestandsgröße durch die verfügbare Beute reguliert, dieses Verhalten hat keinen nachhaltigen Einfluss auf die Singvogelbestände. Deren Rückgang wird durch andere Dinge verursacht. Auch wenn viele Menschen den Nestraub als „abstoßend" einstufen, die Elster muss ihre Jungen füttern. Elstern treten paarweise oder in kleinen Trupps auf. Auf dem Boden schreiten sie „würdevoll". Im Flug erkennt man sie leicht am langen Schwanz.

Eichelhäher sind die farbenfrohsten Mitglieder der Familie Krähenvögel; sie zu beobachten ist nicht einfach, denn sie sind meist scheu und vorsichtig.

SPERLINGE UND AMMERN

Diese beiden Familien von Samen fressenden Vögeln sind nah miteinander verwandt und teilen sich mehrere Aspekte ihres Verhaltens; daher werden diese beiden Vogelgruppen in einem Kapitel zusammengefasst.

Die beiden im Tiefland lebenden **Sperlingsarten** haben in den letzten Jahren gebietsweise drastisch abgenommen. Vor allem der **Haussperling**, früher einer der häufigsten Vögel, wurde aus vielen Städten vertrieben, denn die moderne Städtegestaltung führt zu Mangel an Nahrung und Brutmöglichkeiten und lässt daher den „Spatzen" kaum noch Lebensraum. Hinzu kommt, dass Sperlinge sehr soziale Vögel sind und stets mehrere Paare einander stimulieren müssen, damit die Vögel überhaupt in Brutstimmung kommen. Wegen der starken Bestandsrückgänge gibt es mancherorts nicht mehr genug von ihnen, um eine lebensfähige Population am Leben zu halten. Nicht ganz so besorgniserregend ist die Bestandssituation des **Feldsperlings**, obwohl bei uns gebietsweise stärkere Bestandseinbrüche festgestellt wurden. In England sollen allerdings nur noch zehn Prozent der ursprünglichen Bestände vorhanden sein. Schuld an dieser Entwicklung trägt die intensive Landwirtschaft, wodurch auf den Felder nach dem Abernten kaum noch Körner übrig bleiben, die den überwinternden Samenfressern wie Sperlingen, Finken und Am-

Der allbekannte Haussperling ist sehr gesellig und erfreut den Beobachter mit interessanten Verhaltensweisen wie Staubbaden, Erkunden neuer Nahrungsmöglichkeiten sowie Gemeinschaftbalz mit rasanten Verfolgungsflügen.

mern als Nahrung dienen. Feldsperlinge brüten hauptsächlich in Baumhöhlen, während die Haussperlinge in ihrer Nistplatzwahl viel anpassungsfähiger sind und häufig mit einer Nische unter Dachziegeln oder mit einem Mauerloch vorlieb nehmen.

Von den acht Arten von **Ammern**, die in Mitteleuropa regelmäßig zu sehen sind, erscheinen zwei nur als Wintergäste: die **Schneeammer** und die **Spornammer**. Beide treten an der Küste auf, sehr selten auch im Binnenland. Die **Goldammer** ist bei uns trotz Bestandseinbußen immer noch die häufigste und am weitesten verbreitete Ammer. Sie ist recht leicht zu beobachten, denn sie steht oft auf Hecken oder Spitzen von Jungbäumen und macht durch Rufe oder Gesang auf sich aufmerksam. Ihre eintönigen Strophen werden im Volksmund mit „Wie wie wie hab' ich dich lieb" wiedergegeben. Im Winter trifft man Goldammern oft im Verband mit Finken auf abgeernteten Feldern bei der Nahrungssuche an. Im Verhalten ähnlich, aber viel seltener und auf nur wenige Wein- und Obstbaugebiete im Südwesten Deutschlands beschränkt ist die **Zaunammer**. Der Gesangsstrophe des Männchens fehlt der abgesetzte Schlussteil der Goldammer. Ebenfalls sehr selten und lokal in Weinbergen zu finden ist die **Zippammer**; sie liebt felsige, sonnige Hanglagen und kommt auch in Steinbrüchen vor.

Eine weitere seltene Ammer und gebietsweise bereits völlig ausgestorben ist die ehemals in Ackerland weit verbreitete **Grauammer**. Ihre Bestände haben stark unter der intensiven Landwirtschaft gelitten. Ihr eintöniges,

an das Schütteln eines Schlüsselbunds erinnerndes Lied trägt sie häufig auf höheren Stauden und Leitungsdrähten vor. Die Männchen verpaaren sich mit mehreren Weibchen. Die **Rohrammer** ist, wie der Name bereits andeutet, ein Vogel der Schilfgebiete, brütet aber auch in verschilftem Weidengebüsch und sogar an feuchten Gräben mitten im Kulturland.

FINKENVÖGEL

Die Finkenvögel zählen mit mehr als 400 Arten weltweit zu den umfangreichsten Vogelfamilien. In Mitteleuropa sind 14 Arten regelmäßig zu beobachten, zwei von ihnen, der Bergfink und der Berghänfling, sind Brutvögel Nordeuropas und erscheinen bei uns ausschließlich als Wintergäste.

Am häufigsten und am weitesten verbreitet ist der **Buchfink**. Er ernährt sich wie andere Finken von Samen und zieht seine Jungen hauptsächlich mit Raupen auf. Außerhalb der Brutzeit sieht man Buchfinken oft in großen Schwärmen, nicht selten zusammen mit seinem nordischen Gegenstück, dem **Bergfinken**. In Mitteleuropa übersommert dieser Fink nur sehr selten und brütet auch nur ausnahmsweise; in den lichten Taiga- und Fjällbirkenwäldern Skandinaviens ist er dagegen recht häufig.

Die beiden anderen weit verbreiteten Finkenvögel sind der anpassungsfähige Grünfink und der Stieglitz, der auf Samenstände von Korbblütlern spezialisiert ist. **Grünfinken** verzehren Samen sehr vieler Pflanzenarten, an Futterstellen mit Sonnenblumenkernen und Erdnüssen sind sie oft die zahlreichsten Gäste. Sie brüten häufig in Gärten, manchmal sogar auf Balkonen in Blumenkästen. Zur Balzzeit kann man oft die ausgedehnten Singflüge der Männchen beobachten. **Stieglitze** besitzen einen sehr spitzen Schnabel. Bei der Nahrungssuche trifft man sie oft auf Brachflächen an, wo sie die Blütenköpfchen von Disteln, Wilder Karde oder Löwenzahn besuchen.

Ein weiterer kleiner Fink, der **Erlenzeisig**, ist ein Vogel der aufgelockerten Fichtenwälder; er kommt bei uns überwiegend in den Alpen und Mittelgebirgen vor, brütet aber auch in Tieflandforsten. Außerhalb der Brutzeit bilden die kleinen Finken oft große Schwärme und streifen weit umher; vor allem zu Jahresbeginn erscheinen sie truppweise an Futterhäusern. Der **Birkenzeisig** ist in Mitteleuropa ebenfalls vorwiegend in alpinen Nadelwäldern anzutreffen; er brütet aber auch in Mooren des Tieflands und hat in den letzten Jahrzehnten gebietsweise sogar Gärten mit Birken besiedelt. Beide Arten sieht man manchmal zusammen in Erlen, wo sie kopfüber an den Zapfen hängend die Samen herausholen.

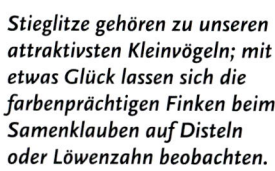

Stieglitze gehören zu unseren attraktivsten Kleinvögeln; mit etwas Glück lassen sich die farbenprächtigen Finken beim Samenklauben auf Disteln oder Löwenzahn beobachten.

153

Der **Bluthänfling** ist ein Vogel der halboffenen Landschaft, die durch Hecken, Gruppen von Jungbäumen und etwas Gebüsch aufgelockert ist. Er brütet nicht selten an Siedlungsrändern, kommt aber auch in Hochmooren und im Gebirge vor. In Heidegebieten bauen die Hänflinge ihre Nester gern in Wacholder. Nach der Brutzeit bilden Bluthänflinge Familientrupps, die sich schließlich zu oft großen Schwärmen vereinigen.

Die drei heimischen Finkenarten mit großen Schnäbeln und kräftiger Gestalt sind Gimpel, Kernbeißer und Fichtenkreuzschnabel. Der **Gimpel** benutzt seinen Schnabel, um damit Knospen, Blüten und Kätzchen von Laubbäumen abzuzwicken; er geht aber auch gern an die Blütenstände von Kräutern. Gimpel trifft man das ganze Jahr über paarweise oder in Familientrupps an. Während ihre sanften Lockrufe weithin zu hören sind, trägt der plaudernde Gesang nicht sehr weit. Der **Kernbeißer**, unser größter Fink, kann mit seinem mächtigen Schnabel sogar Kirschkerne knacken. Im Futterhaus ist er gegenüber anderen Finken dominant, er braucht nicht einmal zu drohen – sein Schnabel ist Drohung genug. Im Sommerhalbjahr sind die großen Finken nur schwer zu beobachten, denn sie halten sich meist hoch in Laubbäumen auf. Der **Fichtenkreuzschnabel** und verwandte Arten besitzen einen kräftigen Schnabel mit überkreuzten Spitzen; mit diesem Werkzeug klauben sie geschickt die Samen aus Nadelbaumzapfen heraus. Kreuzschnäbel sind die Nomaden unter den Finken, gewöhnlich brüten sie von Januar bis März, wenn die Zapfen reif sind. Nach der Brutzeit wandern sie oft über große Entfernungen ab, um im nächsten Jahr in einem anderen Teil Europas zu brüten.

Früher wurden Bluthänflinge wegen ihres ansprechenden Gefieders und des angenehm trillernden und zwitschernden Gesangs häufig in Käfigen gehalten. Heute erfreuen sich Vogelbeobachter am Anblick von winterlichen Schwärmen, in denen Bluthänflinge oft zusammen mit anderen Finken, aber auch mit Sperlingen und Goldammern auf der Suche nach Samen umherziehen.

Gimpel sind wenig scheu, aber aufgrund ihrer zurückgezogenen Lebensweise besonders im Sommerhalbjahr oft schwer zu beobachten. Leicht entdeckt man sie jedoch, wenn sie dick aufgeplustert in winterlich verschneiten Büschen an Knospen fressen; diese Vorliebe macht sie bei Gärtnern weniger beliebt.

GLOSSAR

Adult Erwachsener Vogel, der sein endgültiges Alterskleid erreicht hat.

Armschwingen Die Schwungfedern des Innenflügels, setzen am Arm an.

Art Eine Gruppe von Populationen, die von anderen Populationen soweit isoliert ist, dass es nur noch ausnahmsweise zur Vermischung kommt.

Ausnahmegast Eine Vogelart, die ausnahmsweise in einem Gebiet erscheint, das nicht ihr reguläres Brut-, Durchzugs- oder Winterquartier ist, beispielsweise ein Sibirisches Schwarzkehlchen, das im Herbst in Mitteleuropa erscheint.

Balz Verschiedene Verhaltensweisen, die der Werbung und der Synchronisation von Männchen und Weibchen vor der Paarung dienen, beispielsweise Balzflug, Balzfüttern, Gruppenbalz.

Brutparasit Vogelart, die ihre Eier in Nester anderer Vogelarten legt und die Jungen von den Wirtseltern ausbrüten und aufziehen lässt.

Brutvogel Vogelart, die regelmäßig in einem bestimmten Gebiet (z. B. Deutschland) brütet.

Dunenkleid Die erste Federgarnitur der Jungvögel, die aus Dunen (flauschigen, schaftlosen Federn ohne geschlossene Fahnen) besteht.

Durchzügler Ein Vogel, der sich in einem bestimmten Gebiet auf dem Durchzug befindet, d. h., er zieht gerade ins Winterquartier (im Herbst) oder ins Brutgebiet (im Frühjahr).

Gesang Lautäußerung eines Vogels, die vor allem der Reviermarkierung dient, aber auch zum Anlocken von Weibchen sowie zur Synchronisation von Männchen und Weibchen.

Gleitflug Abwärtsführende Art des Fliegens bei unbeweglich gehaltenen Flügeln; entweder in geringem Tempo und mit möglichst geringem Höhenverlust oder umgekehrt.

Gründelenten Eine Gruppe von Enten, die bei der Nahrungssuche im Flachwasser gründeln („Schwänzchen in die Höh'") oder das Wasser an der Oberfläche durchseihen (siehe auch Tauchenten).

Handschwingen Federn, die an der Hand des Vogels ansetzen und die Flügelspitze bilden; zusammen mit den Armschwingen bilden sie die Schwungfedern.

Hassen Verhaltensweise von Kleinvögeln, die einen Feind, beispielsweise eine Eule, entdeckt haben und laut zeternd um ihn herumfliegen.

Hybrid Kreuzungsprodukt zwischen zwei nah verwandten Arten, die in einem überlappenden Gebiet Mischpaare bilden und Mischlinge erzeugen.

Jahresvogel Vogelart, die das ganze Jahr über in einem bestimmten Gebiet angetroffen werden kann.

Jugendkleid Das erste völlig den Körper bedeckende Gefieder, in dem der Jungvogel auch fliegen lernt; meist ist es farblich und/oder strukturell vom Alterskleid unterschieden.

Mauser Regelmäßiger Wechsel des Gefieders, der in regelmäßigen Abständen, in einem festgelegten Modus und zu bestimmten Zeiten im Jahr erfolgt und das Aussehen der Vögel stark verändern kann. Eine Mauser kann vollständig (Vollmauser) oder partiell ablaufen (Teilmauser) und nur auf Kopf- und Körpergefieder beschränkt sein.

Nestflüchter Junge Vögel, die bereits befiedert zur Welt kommen und das Nest schon nach kurzer Zeit verlassen können, beispielsweise Hühnervögel.

Nesthocker Junge Vögel, die mehr oder weniger nackt und hilflos zur Welt kommen und bis zum Flüggewerden im Nest bleiben, wo sie von den Elternvögeln versorgt werden.

Population Die Gesamtheit der Individuen einer Art, die in einem bestimmten Gebiet leben.

Prachtkleid Ein oft prächtiges Kleid, das Altvögel während der Balz und Brutperiode anlegen.

Ruderflug Aktive Flugweise mit auf- und abschlagenden Flügelbewegungen.

Ruf Meist kurze, ganzjährig zu hörende Lautäußerung, die in verschiedenen Situationen auftritt, häufig im sozialen Zusammenhang (Kontaktruf) oder bei Gefahr (Warnruf).

Rütteln Spezielle Art des Fliegens, bei der ein Vogel mit schnellen Flügelschlägen an einer Stelle in der Luft „stehen bleibt".

Schlichtkleid Das von Altvögeln hauptsächlich außerhalb der Balz- und Brutzeit getragene Kleid, das in der Regel unscheinbarer ist als das Prachtkleid.

Segelflug Flugweise, die ohne Flügelschläge auskommt und in aufwärts gerichteter Luftströmung (Thermik) stattfindet; Flügelhaltung meist anders als im Gleitflug.

Sommervogel Vogelart, die in einem bestimmten Gebiet brütet, aber nicht dort überwintert, sondern in ein Winterquartier zieht, beispielsweise die Schnäpper, die in Mitteleuropa Zugvögel sind.

Spotten Das Imitieren von Rufen und Gesängen anderer Vögel, aber auch von anderen Tieren sowie von verschiedenen Geräuschen.

Tauchenten Eine Gruppe von Enten, die ihre Nahrung tauchend erlangt (siehe auch Gründelenten).

Teilzieher Vogelart, bei der von den Brutvögeln eines Gebiets nicht alle Individuen ziehen; beispielsweise überwintert ein Teil der Rotkehlchen in Mitteleuropa, während viele der Artgenossen im Herbst in ein Winterquartier ziehen.

Unausgefärbt Vogel der ein Übergangskleid trägt, das noch nicht völlig dem Alterskleid entspricht, aber auch kein Jugendkleid mehr ist.

Unterart Geografisch isolierte Population, die in einem bestimmten Gebiet vorkommt und sich äußerlich von anderen Populationen derselben Art unterscheidet.

Warnruf Lautäußerung bei drohender Gefahr, die für Artgenossen, vor allem für Jungvögel, bestimmt ist.

Wintergast Eine Vogelart aus nördlichen oder nordöstlichen Brutgebieten, die den Winter in einem bestimmten Gebiet (z. B. Mitteleuropa) verbringt, aber dort nicht brütet.

Zug Eine regelmäßige, in eine bestimmte Vorzugsrichtung führende Wanderbewegung von Vögeln, die meist zwischen Brutgebiet und Winterquartier stattfindet, bei manchen Arten auch in ein Mausergebiet (Mauserzug).

Zwillingsarten Geschwisterarten, die sich in Gestalt und Musterung kaum voneinander unterscheiden und nah miteinander verwandt sind; häufig lassen sie sich anhand ihrer unterschiedlichen Lautäußerungen, vor allem der Gesänge, gut unterscheiden.

ADRESSEN UND LITERATUR

ADRESSEN

ALA – Schweizerische Gesellschaft für
Vogelkunde und Vogelschutz,
Frau R. Horváth-Manetsch, Rüttenenweg 63,
CH-4313 Möhlin AG
BIRDLIFE ÖSTERREICH, Gesellschaft für
Vogelkunde, c/o Naturhistorisches Museum,
Museumsplatz 1/10/8, A-1070 Wien.
Tel. 0043/1/5234651, birdlife@blackbox.net
DACHVERBAND DEUTSCHER AVIFAUNISTEN
(DDA): Für den Vorstand: Stefan Fischer,
Storchenschmiede Linum, NABU-
Naturschutzzentrum, Nauener Str. 54,
16833 Linum. Tel. 033922/50500,
Storchenschmiede@NABU-Berlin.de
DEUTSCHE ORNITHOLOGEN-GESELLSCHAFT,
Prof. Dr. Franz Bairlein, Institut für
Vogelforschung „Vogelwarte Helgoland".
Fax 04421/968955,
franz.bairlein@ifv.terramare.de
DEUTSCHER RAT FÜR VOGELSCHUTZ, c/o H.-G.
Bauer, Vogelwarte Radolfzell, 78315 Radolfzell
HEINZ SIELMANN STIFTUNG, Gut Herbigs-
hagen, 37115 Duderstadt. info@sielmann-
stiftung.de, www.sielmann-stiftung.de
KOMITEE GEGEN DEN VOGELMORD E.V.,
Bundesgeschäftsstelle, Auf dem Dransdorfer
Berg 98, 53121 Bonn
KRANICHINFORMATIONSZENTRUM,
Lindenstr. 27, 18445 Groß Mohrdorf
LANDESBUND FÜR VOGELSCHUTZ IN BAYERN
(LBV), Eisvogelweg 1, 91161 Hilpoltstein.
Tel 09174/4775-0, Fax 09174/4775-75
www.lbv.de
MONTICOLA – Internationale Arbeitsgemein-
schaft für Alpenornithologie,
Pontlatzer Straße 49, A-6020 Innsbruck.
Tel. 0043/512/262363
NATURSCHUTZBUND DEUTSCHLAND (NABU),
Bundesgeschäftsstelle, Herbert-Rabius-Str. 26,
53225 Bonn. Tel. 0228/4636-0, Nabu@nabu.de
NATURSCHUTZBUND ÖSTERREICH, Museums-
platz 2, A-5020 Salzburg. Tel. 0043/662-
642909, bundesverband@naturschutzbund.at
ORNITHOLOGISCHE GESELLSCHAFT IN BAYERN
E.V., Manfred Siering, Gereutplatz 1,
82031 München

VEREIN JORDSAND ZUM SCHUTZE DER SEEVÖGEL
UND DER NATUR E.V., Bornkampsweg 35,
22926 Ahrensburg. Tel. 04102/32656
WWF DEUTSCHLAND – Zentrale, Rebstöcker
Straße 55, 60326 Frankfurt. Tel. 069/791440,
Fax 069/617221

FACHZEITSCHRIFTEN

DER FALKE, Das Journal für Vogelbeobachter.
Aula Verlag, 56291 Wiebelsheim.
LIMICOLA, Zeitschrift für Feldornithologie.
Limicola Verlag, 37574 Einbeck-Drüber.

BÜCHER

BAUER, H. G. & P. BERTHOLD (1996):
Die Brutvögel Mitteleuropas. Bestand und
Gefährdung. Aula Verlag, Wiesbaden.
BEAMAN, M. & S. MADGE (1998): Handbuch
der Vogelbestimmung – Europa und West-
paläarktis. Ulmer Verlag, Stuttgart.
BERTHOLD, P. (1990): Vogelzug. Wissenschaft-
liche Buchgesellschaft, Darmstadt.
BEZZEL, E. (1985): Kompendium der Vögel Mit-
teleuropas, Nonpasseriformes – Nichtsingvögel.
Aula Verlag, Wiesbaden.
BEZZEL, E. (1993): Kompendium der Vögel Mit-
teleuropas, Passeres – Singvögel. Aula Verlag,
Wiesbaden.
BEZZEL, E. (1996): BLV-Handbuch Vögel. BLV
Verlag, München.
BEZZEL, E. (1996): Vögel beobachten. BLV
Verlag, München.
GLUTZ VON BLOTZHEIM, U. N., K.-M. BAUER &
E. BEZZEL (1971–1997): Handbuch der Vögel
Mitteleuropas. Aula Verlag, Wiesbaden.
GLUTZ VON BLOTZHEIM, U. N., K.-M. BAUER &
E. BEZZEL (2001): Handbuch der Vögel Mittel-
europas auf CD-Rom. Vogelzug Verlag im
Humanitas Buchversand GmbH, Wiebelsheim.
GRIMMET, R. F. A. & T. A. JONES (1989):
Important Bird Areas in Europe. Cambridge.
HARRISON, C. (1975): Jungvögel, Eier und
Nester aller Vögel Europas, Nordafrikas und des
Mittleren Ostens. Paul Parey Verlag, Hamburg
und Berlin.

HEINROTH, O. U. M. (1924–1928):
Die Vögel Mitteleuropas. Bermühler Verlag,
Berlin-Lichtenfelde.
DEL HOYO, J., A. ELLIOTT & J. SARGATAL, EDS.
(1992–2003): Handbook of the Birds of the
World. Vol. 1–8, wird fortgesetzt. Lynx Edicions,
Barcelona.
JONSSON, L. (1992): Die Vögel Europas und des
Mittelmeerraums. Kosmos-Verlag, Stuttgart.
LIMBRUNNER, A., E. BEZZEL, K. RICHARZ &
D. SINGER (2001) Enzyklopädie der Brutvögel
Europas. Kosmos-Verlag, Stuttgart.
LÖHRL, H. (1984): So leben unsere Vögel.
Kosmos-Verlag, Stuttgart.
MEBS, TH. & W. SCHERZINGER (2000):
Die Eulen Europas. Biologie, Kennzeichen,
Bestände. Kosmos-Verlag, Stuttgart.
RICHARZ, K., E. BEZZEL & M. HORMANN, Hrsg.
(2001): Taschenbuch für Vogelschutz.
Aula Verlag, Wiesbaden.
ROCHÉ, J. C. (2000): Die Vogelstimmen
Europas auf 4 CDs. Rufe und Gesänge von
396 Vogelarten. Kosmos-Verlag, Stuttgart.
ROCHÉ, J. C. & D. SINGER (1997): Die Vögel
Mitteleuropas und ihre Stimmen auf 2 CDs.
284 Vogelarten. Kosmos-Verlag, Stuttgart.

ROCHÉ, J. C. & D. SINGER (2004): Alle Vögel
sind schon da, Bestimmungsbuch und CD.
Kosmos-Verlag, Stuttgart.
SINGER, D. (1989): Vogeltreffpunkt Futterhaus.
Kosmos-Verlag, Stuttgart.
SINGER, D. (2002): Welcher Vogel ist das?
Kosmos-Verlag, Stuttgart.
SINGER, D. (2004): Was fliegt denn da?
Der Fotoband. Kosmos-Verlag, Stuttgart.
STEINBACH, G., Hrsg. (2001): Greifvögel und
Eulen – Beobachten und schützen (mit CD).
Kosmos-Verlag, Stuttgart.
SVENSSON, L., P. J. GRANT, K. MULLARNY &
D. ZETTERSTRÖM (1999): Der neue Kosmos
Vogelführer – Alle Arten Europas, Nordafrikas
und Vorderasiens. Kosmos-Verlag, Stuttgart.
SVENSSON, L., P. J. GRANT, K. MULLARNY &
D. ZETTERSTRÖM (2000): Vögel Europas,
Nordafrikas und Vorderasiens. Kosmos-Verlag,
Stuttgart.
WASSERMANN, R. (1999): Ornithologisches
Taschenlexikon. Aula Verlag, Wiebelsheim.

DANKSAGUNG

Bei New Holland möchte ich Lorna Sharrock and Gilly Cameron Cooper danken für die redaktionelle Bearbeitung und Jo Hemmings, der das Buch in erster Linie in Auftrag gab! David Daly gebührt Dank für seine wundervollen Illustrationen und David Tipling für seine ausgezeichneten und aufschlussreichen Fotos.
Fast mein ganzes Leben habe ich Vögel beobachtet. Ich möchte all denen danken, die mir in der ganzen Zeit zur Seite standen – sowohl langjährigen Freunden als auch gelegentlichen Begleitern – und mein Interesse am Verhalten der Vögel über die Jahre aufrechterhielten. Namentlich nennen möchte ich Daniel Osorio, Neil McKillop, Bill Oddie, Nigel Bean, Nigel Redman, Jackie Follett, Rod Standing und Graham Coster.
Und wie immer danke ich meiner Frau Suzanne, deren Fähigkeit zu beobachten mir eine ganz neue Welt der Vögel und deren Verhaltensweisen erschlossen hat.
Schließlich widme ich dieses Buch meiner Familie in Italien: meinem Vater Franco, meiner Stiefmutter Angela, meinen Schwestern Elisabetta und Arianna und meiner Großmutter Fiorina.

Alle Fotografien von David Tipling at Windrush Photos, mit Ausnahme von:
Windrush Photos: Jari Peltomaki: Seite 44
Alle Illustrationen von David Daly, mit Ausnahme von:
Clive Byers: Seite 52, 64 o., 97 u., 98, 99 o., 100, 101 u.
Stuart Carter: 35
Stephen Message: Seite 16, 41, 55, 73, 85, 86, 87, 89, 106, 107, 108, 109, 110, 111, 112, 115 u.
(o. = oben; u. = unten)

REGISTER